心胸有多大
世界就有多大

包容有多少
拥有就有多少

# 成就一生的智慧

INCLUSIVE

圣铎　编著

有同情心，方能利人；
有谅解心，方能容人；
有宽容心，方能爱人；
有忍让人，才会做人！
以大度兼容，则万物兼济。
有容，乃大！

中华工商联合出版社

图书在版编目（CIP）数据

包容：成就一生的智慧 / 圣铎编著 . -- 北京：中华工商联合出版社，2016.9（2021.6 重印）

ISBN 978-7-5158-1765-1

Ⅰ . ①包… Ⅱ . ①圣… Ⅲ . ①人生哲学—通俗读物 Ⅳ . ① B821-49

中国版本图书馆 CIP 数据核字（2016）第 209240 号

**包容：成就一生的智慧**

编　　著：圣　铎
责任编辑：郑承运　袁一鸣
装帧设计：北京东方视点数据技术有限公司
责任审读：李　征
责任印制：迈致红
出版发行：中华工商联合出版社有限责任公司
印　　刷：唐山富达印务有限公司
版　　次：2017 年 1 月第 1 版
印　　次：2021 年 6 月第 2 次印刷
开　　本：710mm × 1020mm　1/16
字　　数：280 千字
印　　张：20
书　　号：ISBN 978-7-5158-1765-1
定　　价：78.00 元

**服务热线：** 010-58301130
**销售热线：** 010-58302813
**地址邮编：** 北京市西城区西环广场 A 座
19-20 层，100044
http: //www.chgslcbs.cn
E-mail: cicap1202@sina.com（营销中心）
E-mail: gslzbs@sina.com（总编室）

# 前 言

自古以来，包容就是人们立身处世的大智慧。《尚书》云：“有容，德乃大。”《周易》云：“君子以厚德载物。”老子云：“江海之所以能为百谷王者，以其善下之。”佛教更是劝诫人们修行忍辱，“大肚能容，容天下难容之事”，达到“心包太虚，量周沙界”的境界。包容是一种美好的心性，是一种博大的胸襟，是一种能够放下一切的气度，是一种淡定从容的洒脱，是一种俯仰自如的风度。一个人一生成就的大小，很大程度上就是由他包容的大小决定的，正如一位哲人说的那样：心胸有多大，事业就有多大；包容有多少，拥有就有多少。纵观古今成大事业者，无不有海纳百川的肚量，所谓“量小非君子”“将军额上能跑马，宰相肚里能撑船”。因此，包容实是成就我们一生的智慧。

包容是为人处世中与他人和谐共处的良方。古希腊神话中就有这样一个故事：有一天，力大无穷的英雄海格力斯在山路上行走时，发现路中间有个袋子似的东西很碍事，便踢了它一脚。谁知那东西不但没有被踢开反而膨胀起来。海格力斯有点生气，便狠狠踩了一脚，想把它踩破，哪知那东西不但没被踩破，反而又膨胀了许多。海格力斯恼羞成怒，便操起一根碗口粗的木棒狠砸起来，那东西竟然加倍地膨胀，最后大到把路堵死了。一位学者路过，连忙对海格力斯说："朋友，快别动它，忽略它，离开它远去吧！它叫仇恨袋，你不犯它，它便小如当初，你的心里老记着它，侵犯它，它就会膨胀起来，挡住你前进的路，与你敌对到底！"人生在世，不可能离群索居，人与人相处，哪怕个个心地善良，也难免会发生磕碰和摩擦。矛盾是无处不在的，有了矛盾，重要的是面对现实，用包容去化解矛盾。包容人，包容事，忍下的是一时之气，得到的却是长久的安然、宁静、和谐与友好，其善莫大焉。包容是人生的一座桥，将彼此间的心灵沟通。走过这座桥，人们的生命就会多一份空间，多一份爱心；人们的生活就会多一份温暖，多一份阳光。

包容是化解和升华人生一切痛苦的力量。对蚌来说，一粒沙子嵌入体内，那是一种苦难。起初，蚌与苦难也作坚决的斗争：它拼命地驱赶着沙子，但无法撵走它；它努力地挤压着沙子，想把沙子压得粉碎，但无济于事。最后，蚌无计可施。怎么办呢？蚌想：我无法战胜苦难，无法改变命运，那就改变自己吧，改变自己对苦难的态度，与苦难讲和，用一颗宽容而博大的心去包容苦难。正是这种想法，改变了蚌的命运，也提升了蚌生命的价值。在包容的过程中，蚌渐渐减轻了沙子给自己带来的痛苦；在包容的过程中，那一粒粒给蚌制造苦难的沙子，竟升华成了一颗颗璀璨的珍珠。其实每个生命都是被上帝咬过一口的苹果，每种人的生活都免不了苦难，包容你所遭受的伤害、折磨、痛苦，你就会感到生活道路两旁，困难固然有，但更多的是花香。在不断的磨砺中成长，在风吹雨打的荷塘里守望着盛夏，这就是对包容最好的诠释。生活中固然有苦难，但正是由于不懈的奋斗，不断的仰望、攀缘，生命才不至于全然黯淡，而变得熠熠生辉，获得了崇高的意义。

包容更是成就事业的基石。在现代社会，一个人要成就一番事业，不可能靠单打独斗，必须得有强有力的团队和广阔的人脉网络。而这一切的拥有都得靠包容的胸怀。团队是若干人的集合体，既然是若干人，就可能个性、气质和能力特点迥异。不同类型员工，既有所长也伴有所短。毕竟，“人无完人，金无足赤”。这就要求团队的领导者要有“海纳百川”的肚量，用人不求全责备，用其所长，容其所短。虽然说没有完美的人，但由不完美的不同类型的人搭配组成的团队，却有可能消弭所短而尽显所长，造就臻于完美的团队。这就是我们所说的1＋1＞2的团队效应。有了这样的团队效应，领导者才可能开创个人力量无法实现的事业。而一个格局很小、境界很低、心胸狭隘的人永远不可能干出一番大的事业。同时，经营事业，除了要管理多元化的员工队伍，还要面对各式各样的客户、供应商、政府官员、社会组织等，社会上行行色色的人都有，要处理好复杂的关系就需要高超的技能和一颗包容的心，让所有人都成为你的资源，做到了，你的事业才会不断壮大。所以说，你的包容有多广，你的事业就有多大。

总之，包容是洞明世事、练达人情的一种处世哲学，是一种拿得起放得下的潇洒，“处世让一步为高，退步即进步的张本；待人宽一分是福，利人是利己的根基”。包容是一种非凡的气度、宽广的胸怀，是对人对事的接纳和宽恕；包容是一种高贵的品质、崇高的境界，是精神的成熟和心灵的丰盈；包容是一种生存的智慧和生活的艺术，是那种看透了社会人生后的从容、自信和超然。懂得包容的人总能得到别人的尊重与帮助，懂得包容的人无时无刻不处于和谐之中，无论工作、事业还是生活，都顺风顺水。领悟包容的智慧，你才能成就无悔、和乐、健康、美满的人生。

# 目 录

# 第一章

# 有一种智慧叫包容

·第一节·

# 你的包容有多广，事业就有多大

## 胸襟的大小可以丈量你的世界

为人处世，首先应当提倡“豁达大度”的胸怀。豁达，即性格开朗；大度，即气量宏大。合起来就是说，我们在处理人际关系时，要气量宽宏，能够容人。

气量和容人，犹如器之容水，器量大则容水多，器量小则容水少，器漏则上注而下逝，无器者则有水而不容。

气量大的人，容人之量、容物之量也大，能和各种不同性格、不同脾气的人们处得来；能兼容并包，听得进批评自己的话；也能忍辱负重，经得起误会和委屈。

古语云：“大度集群朋。”一个人若能有宽宏的度量，那么他的身边便会集结起大群的知心朋友。大度，表现为对人、对友能“求同存异”，不以自己的特殊个性或癖好律人，唯以事业上的志同道合为交友基础。大度，也表现为能听得进各种不同意见，尤其能认真听取相反的意见。大度，还要能容忍朋友的过失，尤其是当朋友对自己犯有过失时，能不计前嫌，一如既往。大度，更应表现为能够虚心接受批评，

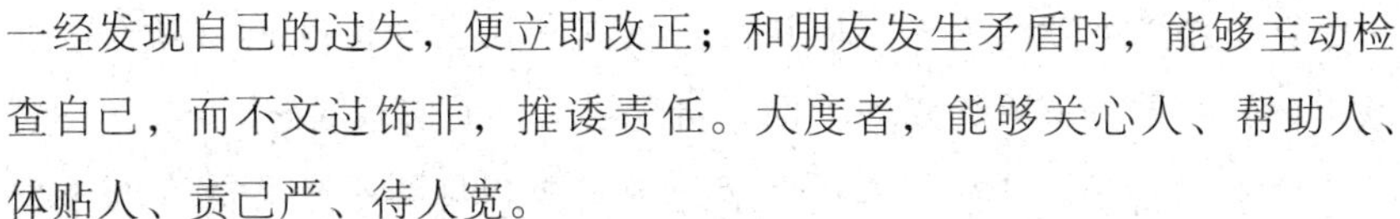

一经发现自己的过失，便立即改正；和朋友发生矛盾时，能够主动检查自己，而不文过饰非，推诿责任。大度者，能够关心人、帮助人、体贴人、责己严、待人宽。

气量大，还表现为在小事上不顶真，不为小事斤斤计较、耿耿于怀。人生在世，谁都会碰到这样或那样的使人不快的小摩擦、小冲突。别人触犯了自己，就犯颜动怒，或者记下一笔，“秋后算账”，这样只会把自己孤立起来。“私怨宜解不宜结”，在处理朋友关系当中，尤其应当如此。“大事清楚，小事糊涂”，不计较小事，这是一种美德。如果朋友之间能够心地坦然，互相信赖、互相谅解，有了意见能及时交换，那么彼此之间即使有些成见也是不难消除的。有些青年相互之间容易结死疙瘩，就是因为心胸狭窄，气量狭小，爱纠缠小事，时间长了，意见变成见，怨气变成怨恨，感情上就会格格不入转而反目成仇。在小事上宽大为怀，不会使你蒙受损失，只会使你受人敬佩。

西汉时的韩信，在年轻潦倒之时，曾有人逼他从胯下钻过去，实在是够欺人的。后来韩信被刘邦拜为大将，不但没有杀这个人，反而赏之以金，委之以官，使其大受感动，不仅消除了私怨，最后还成了舍命保护韩信的勇士。韩信这种“以德报怨”的方法，比起有些青年一感到被欺负就“针锋相对”“以牙还牙”的做法来，实在要高明得多。

一个人的气量是大是小，在心平气和时较难鉴别，而当与他人发生矛盾和争执时，就容易看清楚了。气量宽宏的人，不把小矛盾放在心上，不计较别人的态度，待人随和。而气量狭小的人，则往往偏要占个上风，讨点便宜。还有的人在和别人的争论中，当自己处于正确的一方，成为胜利者的时候，则心情舒坦，较为愿意谅解对方；但当自己处于错误的一方，成为失败者的时候，则往往容易恼羞成怒，对人家耿耿于怀，这也是气量小的一个表现。朋友之间的争论是常有的，一个真正豁达大度的人，不应该因为别人和自己争论问题而对人家耿耿于怀，更不应该因为别人驳倒了自己的意见而恼羞成怒。

宽宏的度量，往往包含在谅解之中。要想见到不顺心的事而不发脾气，就必须养成能够原谅他人缺点和过失的习惯。待人接物，不能过于苛求，“水至清则无鱼，人至察则无徒”，对别人过于苛求，往往使自己跟别人合不来。社会是由各式各样的人组成的，有讲道理的，也有不讲道理的，有懂事多的，也有懂事少的；有修养深的，也有修养浅的。我们总不能要求别人讲话办事都符合自己的标准和要求。真正的豁达大度者，当那些懂事较小、度量较小、修养较浅的人做了得罪自己的事情时，能够宽容他们，谅解他们，不和他们一般见识。从这个意义上说，那些最豁达、最能宽容人的人，乃是最善于谅解人、最通达世事人情的人。

豁达的度量，从根本上说是来自一个人宽广的胸怀。一个人倘若没有远大的生活理想和目标，其心胸必然狭窄，就像马克思所形容的那样：“愚蠢庸俗、斤斤计较、贪图私利的人，总是看到自以为吃亏的事情”。比如，一个毫无教养的人常常只是因为一个过路人看了他几眼，就把这个人看作世界上最可恶和最卑鄙的坏蛋。

眼睛只盯着自己的私利，根本不可能有豁达和宽容的胸怀和度量。“心底无私天地宽。”只有从个人私利的小圈子中解放出来，心里经常装着更远、更大目标的人，才能具备宽广的胸怀，领略到海阔天空的精神境界。

## 放开胸怀得到的是整个世界

我们说心就像一个人的翅膀，心有多大，世界就有多大。但如果不打碎心中的四壁，你的翅膀就舒展不开，即使给你一片大海，你也找不到自由的感觉。

有一条鱼在很小的时候被捕上了岸，渔人看它太小，而且很美丽，便把它当成礼物送给了女儿。小女孩把它放在一个鱼缸里养了起来，每天这条鱼游来游去总会碰到鱼缸的内壁，心里便有一种不愉快的感觉。

后来鱼越长越大，在鱼缸里转身都困难了，女孩便给它换了更大的鱼缸，它又可以游来游去了。可是每次碰到鱼缸的内壁，它畅快的心情便会黯淡下来，它有些讨厌这种原地转圈的生活了，索性静静地悬浮在水中，不游也不动，甚至连食物也不怎么吃了。女孩看它很可怜，便把它放回了大海。

它在海中不停地游着，心中却一直快乐不起来。一天它遇见了另一条鱼，那条鱼问它："你看起来好像闷闷不乐啊！"它叹了口气说："啊，这个鱼缸太大了，我怎么也游不到它的边！"

我们是不是就像那条鱼呢？在鱼缸中待久了，心也变得像鱼缸一样小了，不敢有所突破。即使有一天，到了一个更为广阔的空间，已变得狭小的心反倒无所适从了。

打开自己，需要放开自己的胸怀。

放开，是一种心态、一种个性、一种气度、一种修养；是能正确地对待自己、他人、社会和周围的一切；是对自己的专业和周围的世界都怀有强烈的兴趣，喜欢钻研和探索；是热爱创新，不墨守成规，不故步自封，不固执僵化；是乐于和别人分享快乐，并能抚慰别人的痛苦与哀伤；是谦虚，承认自己的不足，并能乐观地接受他人的意见，而且非常喜欢和别人交流；是乐于承担责任和接受挑战；是具有极强的适应性，乐意接受新的思想和新的经验，能够迅速适应新的环境；是坚强的心胸，敢于面对任何的否定和挫折，不畏惧失败。

不打开自己，一个人就不可能学会新东西，更不可能进步和成长。放开的胸怀，是学习的前提，是沟通的基础，是提升自我的起点。在一个组织里，最成功的人就是拥有放开胸怀的人，他们进步最快，人缘最好，也容易获得成功的机会。

具有开阔胸怀人，会主动听取别人的意见，改进自己的工作。比尔·盖茨经常对公司的员工说：“客户的批评比赚钱更重要。从客户的批评中，我们可以更好地汲取失败的教训，将它转化为成功的动力。”比尔·盖茨本人就是一个心态非常开放的人，他鼓励公司里每个人畅所欲言，当别人和他有不同意见时，他会很虚心地去听。每次公开讲演之后，他都会问同事哪里讲得好，哪里讲得不好，下次应该怎样改进。这就是世界首富的作风，也是他之所以能成为首富的潜质。

放开的心自由自在，可以飞得又高又远；而封闭的心像一池死水，永远没有机会进步。如果你的心过于封闭，不能接纳别人的建议，就等于锁上了一扇门，禁锢了你的心灵。要知道褊狭就像一把利刃，会切断许多机会及沟通的管道。

花草因为有土壤和养分才会茁壮成长、绽放美丽，人的心灵也必须不断接受新思想的洗礼和浇灌，否则智慧就会因为缺乏营养而枯萎死亡。

## 蚌含沙而孕珍珠，人大量而容天地

据古书记载：孟子第一次见梁惠王的儿子襄王时，走出来对大家说：“望之不似人君，就之而不见所畏焉。”意思是远远地看襄王根本没有君主的样子，近处观察发现他没有一点谦虚之德和恐惧戒慎之心，可见其器量之狭小。

对此，南怀瑾先生感慨地说：“越是有德的人，当他的地位越高，临事时就越是恐惧，越加小心谨慎……不但一国君主应该戒慎恐惧，就是一个平民，平日处世也应该如此，否则的话，稍稍有一点收获，就志得意满。赚了一千元，就高兴得一夜睡不着，这就叫作‘器小易盈’，有如一个小酒杯，加一点水就满溢出来了，像这样的人，是没有什么大作为的。”在南先生看来，古人立身修德，应当追求“海纳百川，有容乃大；壁立千仞，无欲则刚”之境界；那些目光短浅、骄傲自大之辈，是绝不会成就大事的。

法国大作家雨果说：“世界上最广阔的是海洋，比海洋更广阔的是天空，比天空更广阔的是人的胸怀。”器量和胸怀决定了一个人生存的高度。对于一个人来说，器量是处世立身的根本，它被放得越宽泛，生命的丈量尺度就越难以计算。器量，是一种不需投资便能得到的精神高级滋补品；是一种保持身心健康、具有永久疗效的“维生素”；是一种宠辱不惊，笑看庭前花开花落的清醒剂；是一种使人做到骤然临之而不惊，无故加之而不怒的智慧和定力。器量，鄙视的是斤斤计较、蝇营狗苟和鼠目寸光的行为；崇尚的是磊落坦荡、无私无畏和志存高远的品格；失去的是不平、烦恼和怨恨；得到的是友情、快乐和幸福；抛弃的是狭隘、偏激、小气和毫无意义的你争我斗；得来的是宽广、博大、舒畅和融洽的人际关系。

南非的民族斗士曼德拉，因为带领人民反对白人种族隔离政策而入狱，白人统治者把他关在荒凉的大西洋小岛罗本岛上 27 年。当时尽管曼德拉已经步入老年，但是白人统治者依然像对待年轻犯人一样对待他。

曼德拉被关在总集中营一个“锌皮房”里，他的任务是将采石场采的大石块碎成石料，有时从冰冷的海水里捞取海带，还做采石灰的工作。因为曼德拉是要犯，专门看守他的就有三个人，他们对他并不友好，总是寻找各种理由虐待他。

27 年的监狱生活并没有打倒曼德拉，他坚强地走出监狱，获得了自由。1991 年，他被选为南非总统。曼德拉在他的总统就职典礼上的一个举动震惊了整个世界。总统就职仪式开始时，曼德拉起身致欢迎词。他先介绍了来自世界各国的政要，然后他说，他深感荣幸能接待这么多尊贵的客人，但他最高兴的是当初他被关在罗本岛监狱时看守他的三名前狱方人员也能到场，然后他把这三人介绍给了大家。

曼德拉博大的胸襟和崇高的精神，让那些残酷虐待了他 27 年的白人无地自容，也让所有到场的人肃然起敬。看着年迈的曼德拉缓缓站起身来，恭敬地向三个曾关押他的看守致敬，世界在那一刻平静了。

事后，曼德拉向朋友们解释说，自己年轻时性子很急，脾气暴躁，正是在狱中学会了控制情绪才活了下来。他的牢狱岁月给他时间与激励，使他学会了如何面对苦难。他说，感恩与宽容经常是源自痛苦与磨难的，必须以极大的毅力来训练。身陷囹圄的时候，如不能把悲痛与怨恨留在身后，那么这个人其实仍在狱中，因为他的心灵始终都处于禁锢的状态。

匆匆百年红尘，人生不如意之事常八九。面对挫折、苦难，是否能保持一份豁达的胸怀，是否能保持一种积极向上的人生态度，需要博大的胸襟与非凡的气度。所以，先哲提倡“风物长宜放眼量”，人生重在追寻长久的精神底蕴，不必计较一时的成败得失。忍受孤独，在彷徨失意中修养自己的心灵，这就是最大的收获，如蚌之含沙，在痛苦中孕育璀璨的珍珠。

## 豁达的人生源自一颗懂得宽容的心

无论对谁，都需要多一分宽容，宽容是人们对生命的感恩与尊重，对情谊的难以割舍。宽容是一种美德，我们要有自己的行动，我们要有一颗宽大的心。宽容，可以唤醒别人的良知，可以让自己更加坦然。宽容别人，而不是一味地责怪、抱怨，我们将由此收获豁达与尊重。

曾任美国总统的福特在大学里是一名橄榄球运动员，身体非常好，所以他在62岁入住白宫时，他的身体仍然非常挺拔结实。当了总统以后，他仍继续滑雪、打高尔夫球和网球，而且擅长这几项运动。

在1975年5月，他到奥地利访问，当飞机抵达萨尔茨堡，他走下舷梯时，他的皮鞋碰到一个隆起的地方，脚一滑就跌倒了。他跳了起来，没有受伤，但使他惊奇的是，记者们竟把他这次跌倒当成一项大新闻，大肆渲染起来。在同一天，他又在丽希丹宫的被雨淋滑了的长梯上滑倒了两次，险些跌下来。随即一个奇妙的传说散播开了：福特总统笨手笨脚，行动不灵敏。自萨尔茨堡以后，福特每次跌跤或者撞伤头部或者跌倒雪地上，记者们总是添油加醋地把消息向全世界报道。后来，竟然反过来，他不跌跤也变成新闻了。哥伦比亚广播公司曾这样报道说："我一直在等待着总统撞伤头部，或者扭伤胫骨，或者受点轻伤之类的来吸引读者。"记者们如此的渲染似乎想给人形成一种印象：福特总统是个行动笨拙的人。电视节目主持人还在电视中和福特总统开玩笑，喜剧演员切维·蔡斯甚至在《星期六现场直播》节目里模仿总统滑倒和跌跤的动作。

福特的新闻秘书朗·聂森对此提出抗议，他对记者们说："总统是健康而且优雅的，他可以说是我们能记得起的总统中身体最为健壮的一位。"

"我是一个活动家，"福特抗议道，"活动家比任何人都容易跌跤。"

他对别人的玩笑总是一笑置之。1976年3月，他还在华盛顿广播电视记者协会年会上和切维·蔡斯同台表演过。节目开始，蔡斯先出场。当乐队奏起《向总统致敬》的乐曲时，他"绊"了一跤，跌倒在歌舞厅的地板上，从一端滑到另一端，头部撞到讲台上。此时，每个到场的人都捧腹大笑，福特也跟着笑了。

当轮到福特出场时，蔡斯站了起来，佯装被餐桌布缠住了，弄得碟子和银餐具纷纷落地。蔡斯装出要把演讲稿放在乐队指挥台上，可一不留心，稿纸掉了，撒得满地都是。众人哄堂大笑，福特却满不在乎地说道："蔡斯先生，你是个非常、非常滑稽的演员。"

生活是需要睿智的。如果你不够睿智，那至少可以豁达。以乐观、豁达、体谅的心态看问题，就会看出事物美好的一面；以悲观、狭隘、苛刻的心态去看问题，你会觉得世界一片灰暗。两个被关在同一间牢房里的人，透过铁窗看外面的世界，一个看到的是美丽神秘的星空，一个看到的是地上的垃圾和烂泥，这就是区别。

面对嘲笑，最忌讳的做法是勃然大怒，大骂一通，其结果只会让嘲笑之声越来越炽。要让嘲笑自然平息，最好的办法是一笑了之。一个目标坚定的人，不会去考虑别人多余的想法，而是有风度、有气概地接受一切非难与嘲笑。伟大的心灵多是海底之下的暗流，唯有小丑式的人物，才会像一只烦人的青蛙一样，整天聒噪不休！

# 人的心胸为什么连一头象都容纳不下呢

在古代，摩伽陀国有一位国王饲养了一群象。象群中，有一头象长得很特殊，全身白皙，毛柔细光滑。后来，国王将这头象交给一位驯象师照顾。这位驯象师不只照顾它的生活起居，也很用心教它。这头白象十分聪明、善解人意，过了一段时间之后，他们已建立了良好的默契。

一年后，这个国家举行一个大庆典。国王打算骑白象去观礼，于是驯象师将白象清洗、装扮了一番，在它的背上披上一条白毯子后，才交给国王。国王就在一些官员的陪同下，骑着白象进城看庆典。由于这头白象实在太漂亮了，民众都围拢过来，一边赞叹、一边高喊着："象王！象王！"这时，骑在象背上的国王，觉得所有的光彩都被这头白象抢走了，心里十分生气、嫉妒。他很快地绕了一圈后，就不悦地返回王宫。

一回王宫，他就问驯象师："这头白象，有没有什么特殊的技艺？"驯象师问国王："不知道国王您指的是哪方面？"国王说："它能不能在悬崖边展现它的技艺呢？"驯象师说："应该可以。"国王就说："好。那明天就让它在波罗奈国和摩伽陀国相邻的悬崖上表演。"隔天，驯象师依约把白象带到那处悬崖。国王就说："这头白象能以三只脚站立在悬崖边吗？"驯象师说："这简单。"他骑上象背，对白象说："来，用三只脚站立。"果然，白象立刻就缩起一只脚。国王又说："它能两脚悬空，只用两脚站立吗？""可以。"驯象师就叫它缩起两脚，白象很听话地照做。国王接着又说："它能不能三脚悬空，只用一脚站立？"

驯象师一听，明白国王存心要置白象于死地，就对白象说："你这次要小心一点，缩起三只脚，用一只脚站立。"白象也很谨慎地照做。围观的民众看了，热烈地为白象鼓掌、喝彩！国王愈想心里愈不平衡，就对驯象师说："它能把后脚也缩起，全身飞过悬崖吗？"

这时，驯象师悄悄地对白象说："国王存心要你的命，我们在这里会很危险。你就腾空飞到对面的悬崖吧！"不可思议的是，这头白象竟然真的把后脚悬空飞起来，载着驯象师飞越悬崖，进入波罗奈国。波罗奈国的人民看到白象飞来，全城都欢呼了起来。国王很高兴地问驯象师："你从哪儿来？为何会骑着白象来到我的国家？"驯象师便将经过一一告诉国王。国王听完之后，叹道："人的心胸为什么连一头象都容纳不下呢？"

真正的王者绝不会容不得他人的光芒存在，就像自己是一块钻石一样，周围的珍珠只会衬托它的雍容、高贵，而不会削减它的魅力。

宇宙万物相依相存。作为群体性动物，人类也只有在与他人的和谐互动中才能获得有益的经验，从而有利于自身的发展。这就要求我们要以一颗开放包容的心态来面对外界。人们常因建设自己而造就别人，又因别人的造就而改变自己。在这种改变中，你如果不让别人赢，你也会输掉自己。人与人并不一定非要拼个你死我活才行，曲直高低也不一定非要分得清清楚楚，莫不如用一颗互相关怀、互相包容的心对待彼此，所有人都会从中受益。

## 博大的心量可以稀释一切痛苦烦恼

从前有座山，山里有座庙，庙里有个年轻的小和尚，他过得很不快乐，整天为了一些鸡毛蒜皮的小事唉声叹气。后来，他对师父说："师父啊！我总是烦恼，爱生气，请您开示开示我吧！"

老和尚说："你先去集市买一袋盐。"

小和尚买回来后，老和尚吩咐道："你抓一把盐放入一杯水中，待盐溶化后，喝上一口。"小和尚喝完后，老和尚问："味道如何？"

小和尚皱着眉头答道："又咸又苦。"

然后，老和尚又带着小和尚来到湖边，吩咐道："你把剩下的盐撒进湖里，再尝尝湖水。"弟子撒完盐，弯腰捧起湖水尝了尝，老和尚问道："什么味道？"

"纯净甜美。"小和尚答道。

"尝到咸味了吗？"老和尚又问。

"没有。"小和尚答道。

老和尚点了点头，微笑着对小和尚说道："生命中的痛苦就像盐的咸味，我们所能感受和体验的程度，取决于我们将它放在多大的容器里。"小和尚若有所悟。

老和尚所说的容器，其实就是我们的心量，它的"容量"决定了痛苦的浓淡，心量越大烦恼越轻，心量越小烦恼越重。心量小的人，容不得、忍不得、受不得、装不下大格局。有成就的人，往往也是心量宽广的人，看那些"心包太虚，量周沙界"的古圣大德，都为人类留下了丰富而宝贵的物质财富和精神财富。

其实，我们每个人一生中总会遇到许多盐粒似的痛苦，它们在苍白的心空下泛着清冷的白光，如果你的容器有限，就和不快乐的小和尚一样，只能尝到又咸又苦的盐水。

一个人的心量有多大，他的成就就有多大，不为一己之利去争、去斗、去夺，扫除报复之心和嫉妒之念，则心胸广阔天地宽。当你能把虚空宇宙都包容在心中时，你的心量自然就能如同天空一样博大。

无论荣辱悲喜、成败冷暖，只要心量放大，自然能做到风雨不惊。

寒山曾问拾得：“世间有人谤我、欺我、辱我、笑我、轻我、贱我、骗我，如何处之?”拾得答道：“只要忍他、让他、避他、由他、耐他、敬他、不理他，再过几年，你且看他。”

如果说生命中的痛苦是无法自控的，那么我们唯有拓宽自己的心量，才能获得人生的愉悦。通过内心的调整去适应、去承受必须经历的苦难，从苦涩中体味心量是否足够宽广，从忍耐中感悟暗夜中的成长。

心量是一个可开合的容器，当我们只顾自己的私欲，它就会愈缩愈小；当我们能站在别人的立场上考虑，它又会渐渐舒展开来。若事事斤斤计较，便把自心局限在一个很小的框框里。这种处世心态，既轻薄了自身的能力，又轻薄了自己的品格。

心量是大还是小，在于自己愿不愿意敞开。一念之差，心的格局便不一样，它可以大如宇宙，也可以小如微尘。我们的心，要和海一样，任何大江小溪都要容纳；要和云一样，任何天涯海角都愿遨游；要和山一样，任何飞禽走兽，都不排拒；要和路一样，任何脚印车辙都能承担。这样，我们才不会因一些小事而心绪不宁、烦躁苦闷！

## 多一些磅礴大气，少一些小肚鸡肠

大度，是一种修养，是一个人健全人格和健康心理的体现。大度也是一种气质，是一个人幸福生活的前提。大度来自人的理念、理想追求及道德修养。要做到大度不小气，首先要眼界宽阔，而不能目光短浅。因为，眼界宽阔的人在看问题方面会比较大气，而没有什么见识的人只能囿于自己的小圈子里面，为了鸡毛蒜皮的事情跟人吵得面红耳赤。因此，我们要始终怀着一颗美好的心去观察和认识世界，要用长远的眼光去看问题，只有这样，才能具有宏大而深邃的视野，才能有宽阔的胸襟。

从前有两个人，一个叫提耆罗，一个叫那赖。这两个人神通广大，本领高超，无论是婆罗门、佛家弟子，还是仙人、圣人、龙王及一切鬼神，无不钦佩，都来向他们顶礼膜拜。

一天夜里，提耆罗因长时间诵经感到十分疲乏，先睡了。那赖当时还没有睡，一不小心踩了提耆罗的头，使他疼痛难忍。提耆罗一时心中大怒地说："谁踩了我的头？明天清早太阳升起一竿子高的时候，他的头就会破为七块！"那赖一听，也十分恼怒地叫道："是我误踩了你，你干什么发那么重的咒？器物放在一起，还有相碰的时候，何况人和人相处，哪能永远没有个闪失呢？你说明天日出时，我的头就要裂成七块，那好，我就偏不让太阳出来，你看着好了！"

由于那赖施了法术，第二天，太阳果然没有升起来。一连几天过去了，太阳仍没有出现。两个人由于心胸狭窄，不能宽宥对方，从而让整个世界都处在了一片漆黑中。

这个小故事告诉了我们一个深刻的道理：做人要大气、大度，不能够小肚鸡肠，否则对自己也不利。

宽以待人，历来被我国历史上的仁人贤士所推崇。"唯宽可以容人，唯厚可以载物。"有些人却是完全"严以待人，宽以律己"。如果别人稍微做错了一点事情，就借题发挥，破口大骂，完全不顾他人感受，似乎别人就会一错再错，要把别人的尊严踩在脚下。如果自己做错了事情，则可以把黑的说成白的，或者干脆推卸责任。这种人恐怕没有几个人敢去沾惹。在人际关系中，这种小鼻小眼的行为正犯了大忌，一次两次的短期接触还好，长此以往则会招人怨。

曾有王姓的两兄弟，合伙在东莞开办制衣厂。兄弟俩苦苦经营了十年，眼看这家厂有了起色，财源滚滚而来，然而，弟媳却开始怀疑大伯多占了便宜，兄嫂也开始怀疑小叔子暗中多吞了钱财，不久，两兄弟便闹起了“家窝子”，又是争权，又是争钱。一个好端端的工厂，因为两兄弟最后都把心思用到了闹分家上，再也没人来管理。而市场经济是无情的，所以没过多久便关门倒闭了。这个故事应该能够给人以警示，小肚鸡肠只会让你失去更多！

避免小气，就要做到心理平衡。这既是保持身心健康的良方，又是事业成功的重要条件。善于调节心理平衡的人，必然心胸宽广，不会计较于一时得失，什么伤心事、苦恼事统统都可置之度外。这样就能大度待人，公道处事，使生命的质量得到提高。反之，小肚鸡肠、心胸狭窄，动不动就落个心理不平衡，在这样的心态下生活，生活的质量必然会大打折扣。如果我们经常想一想“生命在于平衡”的道理，就有助于我们正确对待工作、生活中的诸多不如意之事。

清代学者张潮曾说：“律己宜带秋风，处事宜带春风。”让我们多一些长远的目光，少一些狭隘的思维；多一些磅礴大气，少一些小肚鸡肠；多一些理解，多一些宽容，多一些主见，不轻易受别人的影响。这才是符合禅的哲理和智慧，这才是有为之人所必备的气质和胸怀。

## ·第二节·

# 包容是一剂处世的良方

### 人的心胸就好比芥子

唐朝时，江州刺史李渤，问智常禅师道：“佛经上所说的‘须弥藏芥子，芥子纳须弥’未免失之玄奇了，小小的芥子，怎么可能容纳那么大的一座须弥山呢？过分不懂常识，是在骗人吧？”

智常禅师闻言而笑，问道：“人家说你‘读书破万卷’，可有这回事？”

“当然！当然！我读的书岂止万卷？”李渤得意扬扬地说。

“那么你读过的万卷书如今何在？”

李渤抬手指着头说：“都在这里了！”

智常禅师道：“奇怪，我看你的头颅也只有一个椰子那么大，怎么可能装得下万卷书？莫非你也骗人吗？”

李渤顿时目瞪口呆，无话可说。

就像可以装下须弥山的小小芥子一样，人的心灵像一个小小的宇宙，能够装下目力所及的一切，甚至还能装下想象中的无穷空间，心境浩瀚则无边界。把上述公案中的禅理用之于职场，即是告诫职场中人必须拥有开阔的心胸。

何谓“心胸开阔”？即有两种人：一种人心胸开阔、知天乐命；另一种就要求创业者拥有超越利害得失、成败是非的心态。

第一种人生性乐观，即使面对职场中的诡谲风云，依然能够自得其乐。但是，这种人的缺点在于可能因过分乐观而变得对什么都不在乎，当事业顺利时，他能在谈笑间运筹帷幄；当无所事事时，他也不以为意。

与第一种人相比，第二种人追求更精彩的人生，同时，他们的人生态度也更加积极：他们渴望一展宏图，面对挫折时不会像第一种人一样毫不在意，但也不会因职场的不顺、事业的失利而自伤自怜，而是能够自我宽慰，重新出发。

举一个简单的例子，圣严法师所在的农禅寺经常遭遇台风的袭击。某一年台风来袭之前，圣严法师让弟子将寺中低洼处的物品都搬到了高台上，但是由于雨水过多，农禅寺还是被淹了，损失很大。但圣严法师却并不因此难过，“面对这无奈的事实，我认为既然已经尽力处理了，无论结果如何、有没有损失，都不必那么在意，只要全心处理善后就好”。

这正是真正开朗的心胸，遇事竭尽全力，即使无法挽回也不抱怨生活。这种态度对所有人来说都有裨益，处于紧张、忙碌、压抑的职场环境中的人更应该好好体会。

一天，一位企业家来向圣严法师求教。原来是因为受到经济危机的影响，他的企业逐渐走着下坡路。想到昔日的辉煌，这位企业家内心非常痛苦。

圣严法师劝慰他说：“最初你不是白手起家的吗？那时候你什么都没有，只是后来生意才渐渐做大的。现在不过是回到了原点，或者说是比你的起点更高一层的地方，你只是失去了你曾经就没有的东西，何苦为它烦恼?”

企业家说:“如果一开始就没有，那么我也不会这么痛苦。恰恰是因为我有过那么多钱，但现在全赔进去了，我才会割舍不下，又不知如何是好。”

“生不带来，死不带去，你本也知道钱财是身外物。至于你内心的痛苦，能处理的就处理，不能处理的就放下。一切从头开始，不也很好吗?”

“那也就是说我大概没有东山再起的希望了吧!”企业家失望地说。

圣严法师合掌说道:“不要这么想，即使这一生没有希望，来生还有希望，永远都有希望的。更何况在你面前，还有那么多重新开始的机会。”

这位企业家的苦恼就在于他心胸虽然宽广，却都被高远的志向占据，没有给可能出现的挫折留下一点空间，以至于他无法豁达面对暂时的失败。

纵观风起云涌的职场，每个人可能都是一颗微不足道的芥子，但其中那些心胸开朗的芥子，不仅有足够的胸怀容纳须弥山，也有化解一切挫折的涵养。

## 心宽寿自延，量大智自裕

我们不能改变生命的长度，却可以改变生命的宽度。这句话常常被用来激励失意之人。不要慨叹生命的短暂，而是要在有限的生命中注入无限的激情，如此，心情会随之改变，生活会随之改变，命运也会随之改变。

当我们要在一个蓄水池中注满清澈的河水时，蓄水池已经固定，增加输水管道的长度也只是拉长了水流的距离，我们需要去做的是将管道拓宽，这样才能更快地将水池注满。

事实上，当我们真正改变了心灵的宽度时，生命的长度也会悄然增加。“有德即是福，无嗔即无祸，心宽寿自延，量大智自裕。”这真是一种人生的大智慧。禅的智慧是无穷无尽的，宽度和量度都是禅的智慧。心宽，放下一切自我执着而引发的烦恼；量大，用包容的心去容下他人的一切，才能获得真正的洒脱，做到真正的慈悲，获得真正的智慧。

有一个久战沙场的将军，因为厌倦了战争和尘世里的奔波忙碌，便找到大慧宗杲禅师，要求剃度出家，并请求禅师为他开示。

他说：“禅师，我已经看破红尘，红尘俗世中的种种，都不过是过眼云烟。禅师您慈悲，请您收留我，让我随您修行吧！”

宗杲禅师说：“你贵为将军，声名显赫，能将功名利禄全部放下吗？”

将军说：“功名利禄如粪土！”

宗杲禅师：“可是你尚有家眷，还有太多尘世俗缘割舍不下，你不能出家！”

将军：“禅师，我现在什么都放得下！妻子、儿女、家庭，全部都可以放下。请您为我剃度吧！”

宗杲摇摇头，仍然不肯为他剃度。

将军无奈地离开了。几天之后的一个清晨，他再次来到寺中参禅礼佛。宗杲禅师问：“将军，你为什么这么早就就来庙中拜佛呢？”

将军回答：“为除心头火，起早礼师尊。”

禅师听到他用禅语回答自己的问题，心中对他出家的诚意大为赞赏，但还是开玩笑似的对他说：“起得这么早，不怕妻偷人？”

将军一听，勃然大怒："你这老怪物，讲话太伤人！"

大慧宗杲禅师哈哈一笑，对将军说："轻轻一拨扇，性火又燃烧，如此暴躁气，怎算放得下！"

这位自以为已经放下了一切的将军不仅未能将心头的执着放下，更没有真正领悟到禅宗的智慧，被人稍稍一激，立刻变得暴躁，已然犯了嗔戒，"说时似悟，对境生迷"，他既没有正确地认识自己，也不能以一颗宽容的心去对待别人，又怎么能算是真正看破红尘了呢？

真正的宽容，是包容清净的，也包容污秽的；包容爱的人，也包容恨的人；包容善良，也包容邪恶。真正的量大，要像广袤的苍穹，容纳群星也容纳尘埃；要像浩瀚的大海，容纳百川也容纳细流；更要像无垠的虚空，无所不含，无所不摄。

苏东坡被贬谪到江北瓜洲时，和金山寺的和尚佛印相交甚多，常常在一起参禅礼佛，谈经论道，成为了非常好的朋友。

一天，苏东坡作了一首五言诗："稽首天中天，毫光照大千；八风吹不动，端坐紫金莲。"作完之后，他再三吟诵，觉得其中含义深刻，颇得禅家智慧之大成。苏东坡觉得佛印看到这首诗一定会大为赞赏，于是很想立刻把这首诗交给佛印，但苦于公务缠身，只好派了一个小书童将诗稿送过江去请佛印品鉴。

书童说明来意之后将诗稿交给了佛印禅师，佛印看过之后，微微一笑，提笔在原稿的背面写了几个字，然后让书童带回。

苏东坡满心欢喜地打开了信封，却先惊后怒。原来佛印只在宣纸背面写了两个字："狗屁！"苏东坡既生气又不解，坐立不安，索性就搁下手中的事情，吩咐书童备船再次过江。

哪知苏东坡的船刚刚靠岸，却见佛印禅师已经在岸边等候多时。苏东坡怒不可遏地对佛印说："和尚，你我相交甚好，为何要这般侮辱我呢？”

佛印笑吟吟地说：“此话怎讲？我怎么会侮辱居士呢？”

苏东坡将诗稿拿出来，指着背面的“狗屁”二字给佛印看，质问原因。

佛印接过来，指着苏东坡的诗问道：“居士不是自称‘八风吹不动’吗？那怎么一个‘屁’就过江来了呢？”

苏东坡顿时明白了佛印的意思，满脸羞愧，不知如何作答。

苏东坡是古代名士，既有很深的文学造诣，同时也兼容了儒释道三家关于生命哲理的阐释，而有时候，他也并不能领悟真正的智慧。平时，我们谈生论死，侃侃而谈似乎置生死于度外；平时，我们谈名利如浮尘，恨不得视之为粪土。但是当死亡的恐惧、浮名的诱惑摆在眼前时，我们是否还能够保持一颗平静淡然的心，从容对待呢？

当我们将手中的鲜花送与别人时，自己已经闻到了鲜花的芳香；而当我们要把泥巴甩向其他人的时候，自己的手已经被污泥染脏。不嗔怒不暴躁，不患得患失，不受尘俗牵挂，超然洒脱，才能达到高深的修持境界，获得真正的智慧。

## 苛求他人，等于孤立自己

每个人都有可取的一面，也有不足的地方。与人相处，如果总是苛求十全十美，那么永远也交不到真心的朋友。在这一点上，曾国藩早就有了自己的见解，他曾经说过：“概天下无无暇之才，无隙之交。大过改之，微暇涵之，则可。”意思是说，天下没有一点缺点也没有的

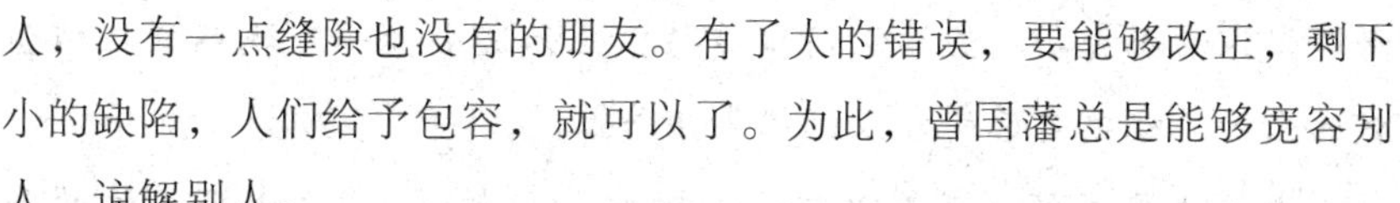

人，没有一点缝隙也没有的朋友。有了大的错误，要能够改正，剩下小的缺陷，人们给予包容，就可以了。为此，曾国藩总是能够宽容别人，谅解别人。

当年，曾国藩在长沙读书，有一位同学性情暴躁，对人很不友善。因为曾国藩的书桌是靠近窗户的，他就说："教室里的光线都是从窗户射进来的，你的桌子放在了窗前，把光线挡住了，这让我们怎么读书？"他命令曾国藩把桌子搬开。曾国藩也不与他争辩，搬着书桌就去了角落里。曾国藩喜欢夜读，每每到了深夜，还在用功。那位同学又看不惯了："这么晚了还不睡觉，打扰别人的休息，别人第二天怎么上课啊？"曾国藩听了，不敢大声朗诵了，只在心里默读。一段时间之后，曾国藩中了举人，那人听了，就说："他把桌子搬到了角落，也把原本属于我的风水带去了角落，他是沾了我的光才考中举人的。"别人听他这么一说，都为曾国藩鸣不平，觉得那个同学欺人太甚。可是曾国藩毫不在意，还安慰别人说："他就是那样子的人，就让他说吧，我们不要与他计较。"

凡是成大事者，都有广阔的胸襟。他们在与别人相处的时候，不会计较别人的短处，而是以一颗平常心看待别人的长处，从中看到别人的优点，弥补自己的不足。如果眼睛只能看到别人的短处，那么这个人的眼里就只有不好和缺陷，而看不到别人美好的一面。在生活中，每个人都可能跟别人发生矛盾。如果一味地跟别人计较，就可能浪费自己很多精力。与其把自己的时间浪费在一些鸡毛蒜皮的小事上，不如放开胸怀，给别人一次机会，也可以让自己有更多的精力去做更多有意义的事情。

一位在山中茅屋修行的禅师，有一天趁夜色到林中散步，在皎洁的月光下，突然开悟。他喜悦地走回住处，眼见到自己的茅屋遭小偷光顾。找不到任何财物的小偷要离开的时候在门口遇见了禅师。原来，禅师怕惊动小偷，一直站在门口等待。他知道小偷一定找不到任何值钱的东西，就把自己的外衣脱掉拿在手上。

小偷遇见禅师，正感到惊愕的时候，禅师说："你走那么远的山路来探望我，总不能让你空手而回呀！夜凉了，你带着这件衣服走吧！"说着，就把衣服披在小偷身上，小偷不知所措，低着头溜走了。

禅师看着小偷的背影穿过明亮的月光消失在山林之中，不禁感慨地说："可怜的人呀！但愿我能送一轮明月给他。"

禅师目送小偷走了以后，回到茅屋赤身打坐，他看着窗外的明月，进入空境。

第二天，他睁开眼睛，看到他披在小偷身上的外衣被整齐地叠好，放在了门口。禅师非常高兴，喃喃地说："我终于送了他一轮明月！"

面对小偷，禅师既没有责骂，也没有告官，而是以宽容的心原谅了他，禅师的宽容和原谅终于换得了小偷的醒悟。可是，我们与别人发生矛盾时，总想着与别人争出高低来，但是往往因为说话的态度不好，使得两个人吵起来，甚至大打出手。其实，牙齿没有不碰到舌头的。很多事情忍耐一下，也就过去了。有些矛盾的产生，别人也不一定就是故意的，我们给予他包容，他可能会主动认识到错误，也给自已减少了很多麻烦。

## 己所不欲，勿施于人

在社会生活中，每个人都难免会遇到磕磕碰碰的事情，关键是要有一种"能容天下难容之事"的宽容心态，少一些心胸狭窄、尖酸刻

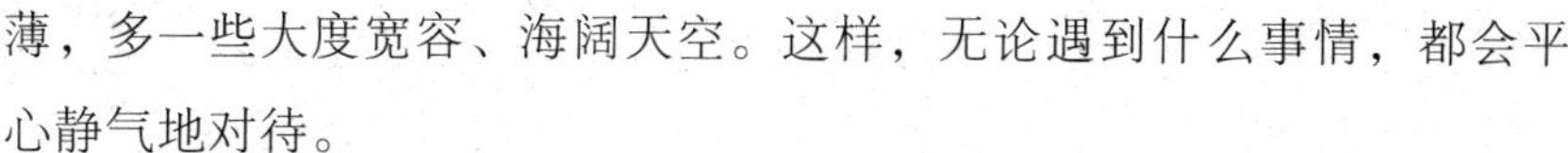

薄，多一些大度宽容、海阔天空。这样，无论遇到什么事情，都会平心静气地对待。

两千多年前，孔子的学生子贡问孔子："有没有一句话可以作为终生奉行不渝的法则呢？"孔子回答说："其恕乎！己所不欲，勿施于人。"也就是说，自己不喜欢的和不能接受的事情，就不要强加给别人。凡事要从对方的角度出发考虑问题，要学会多体谅一下别人，这是做人和处世的根本原则，从中也可以看出一个人的修养。

生活中，许多人都有过钓鱼的经历和经验。鱼饵很重要，但它的选择不是根据钓鱼者的口味爱好，而是鱼的爱好。世间万物都是相通的。我们在与人交往中，特别喜欢结交那些了解自己、同自己喜好相似的人。同样，我们也应该站在对方的立场上，考虑他们喜欢什么，不喜欢什么。

因此，以己度人，推己及人，这样处理问题和与人交往，才能获得别人的尊重，与别人和睦相处，甚至能够化敌为友。

在社会上，特别是对于初涉世事的青年人来说，由于对社会的茫然，总是时时处处小心翼翼，左顾右盼地想找出参照物规范自己、约束自己。这种反应当然是正常的，但是有时候以此为原则，反而会导致初衷与结果南辕北辙。

这时，你就可以采用"己所不欲，勿施于人"的原则，在日常工作和生活中，多问一下自己：我做这件事产生的后果自己觉得如何？如果自己能够接受，那么别人也大概能够容忍；如果自己都不能容忍，那么别人肯定也不愿接受。

美国的欧文梅说："一个人若能从别人的角度来看事情，了解别人的心灵活动，就永远也不必为自己的前途担心。"我们要学会体谅别人，站在别人的立场来看问题，这样就可以减少生活中的摩擦，人与人之间的关系就会变得更加和谐。

## 宽容，让痛苦变为伟大

哲人说："宽容和忍让的痛苦，能换来甜蜜的结果。"

这句话说得诚恳而有深度。宽容是痛苦的，它意味着放弃心中的愤懑不平，将往日的种种侮辱和痛苦生生咽进肚里。这位哲人能体会到宽容者内心的矛盾和波动，是从人的内心出发，十分诚恳。同时，他又指出了宽容的必然性，因为宽容最终会换来甜蜜，而不宽容则只能给人带来更多的痛苦。即使是从追逐快乐甜蜜、远离痛苦这一"趋利避害"的简单本性出发，我们也应该在伤害面前选择宽容。确实，宽容是我们面对伤害应有的心态。

在现实生活中，难免会发生这样的事：亲密无间的朋友，无意或有意做了伤害你的事，你是宽容他，还是从此分手，或伺机报复？以牙还牙，分手或报复似乎更符合人的直觉本能。但这样做了，怨会越结越深，仇会越积越多，结果冤冤相报何时了。

芝加哥人蒙泰在林肯竞选总统期间频频发出尖刻批评。林肯当选之后，为芝加哥人蒙泰在大饭店举行了一个欢迎会。林肯看见蒙泰站在角落里，虽然蒙泰曾大声辱骂过林肯，林肯仍然很有风度地说："你不该站在那儿，你应该过来和我站在一块儿。"

参加欢迎会的每个人都亲眼目睹了林肯赋予蒙泰的荣耀，也正因为此，蒙泰成了林肯最忠诚、最热心的支持者。

所以，宽容才是消除矛盾的有效方法，冤冤相报抚平不了心中的伤痕，它只会将伤害者和被伤害者捆绑在无休止的争吵战车上。印度"圣雄"甘地说得好，如果我们对任何事情都采取"以牙还牙"的方式来解决，那么整个世界将会失去色彩。

宽容是一种高贵的品质、崇高的境界，是精神的成熟、心灵的丰盈。有了这种境界和心态，人就会变得豁达，变得成熟。宽容是一种仁爱的光，是对别人的释怀，也是对自己的善待。有了宽容之心，就会远离仇恨，避免灾难。宽容是一种生存的智慧、生活的艺术，是看透了社会人生以后所获得的那份从容、自信和超然。有了这种智慧、这种艺术，我们面对人生，就会从容不迫。宽容是一种力量、一种自信，是一种无形的感召力和凝聚力。有了这种力量和自信，人就会胸有成竹，获得成功。

也许你曾经遭受过别人对你的恶意诽谤或者是深深的伤害，这些伤痛在你的心底一直未曾被抚平，你可能至今还在怨恨他，不能原谅他。其实，怨恨是一种具有侵袭性的东西，它像一个不断长大的肿瘤，使我们失去欢笑，损害我们的健康。

心理学专家研究证实，心存怨恨有害健康，高血压、心脏病、胃溃疡等疾病就是长期积怨和过度紧张造成的。

所以，让我们学会宽容，忘记怨恨，这样才能抚慰你暴躁的心绪，弥补不幸对你的伤害，让你获得心灵的自由。

## 难得糊涂是一种心境

做人、处世有必要认真吗？答案是肯定的。但是，认真不能较真，认真也要看在什么时候，什么事情上，有很多的时候是认不得“真”的，该糊涂的时候，你还坚持认真，那只会给自己带来无尽的烦恼。

有师徒二人出游，来到一个地方感觉腹中饥饿，师傅就对徒弟说：

“前面一家饭馆，你去讨点饭来。”徒弟领命就到了饭馆，说明来意。

那饭馆的主人说：“要饭吃可以啊，不过我有个要求。”徒弟忙道：“什么要求？”主人回答：“我写一字，你若认识，我就请你们师徒吃饭，若不认识乱棍打出。”徒弟微微一笑：“主人家，恕我不才，可我也跟师傅多年。慢说一字，就是一篇文章又有何难？”主人也微微一笑：“先别夸口，认完再说。”说罢拿笔写了一“真”字。徒弟哈哈大笑：“主人家，你也太欺我无能了，我以为是什么难认之字，此字我五岁就识。”主人微笑问：“此为何字？”徒弟回答说：“不就是认真的‘真’字吗。”店主冷笑一声：“哼，无知之徒竟敢冒充大师门生，来人，乱棍打出！”

徒弟无奈，只好空着手回来见老师，说了经过。大师微微一笑：“看来他是要为师前去不可。”说罢来到店前，说明来意。那店主照样写下“真”字。大师答曰：“此字念‘直八’。”那店主笑道：“果是大师来到，请！”就这样吃完喝完不出一分钱走了。徒弟不懂，问道：“老师，你不是教我们那字念‘真’吗？什么时候变‘直八’了？”大师微微一笑：“有时候事是认不得‘真’啊。”

人生福祸相依，变化无常。少年气盛时，凡事斤斤计较，锱铢必究，这还有情可原。一个人年事渐长，阅历渐广，涵养渐深，对争取之事应看得淡些，凡事不必太认真，要有宽饶之心，凡事顺其自然最好。

事实上，“糊涂”之意是指做人、处世不可太较真、太认死理。该糊涂时就糊涂。难得糊涂是心理环境免遭侵蚀的保护膜。在一些非原则性的问题上糊涂一下，无疑能提高心理承受力，避免不必要的精神痛楚和心理困惑。有了这层保护膜，会使你处乱不惊，遇烦不忧，以恬淡平和的心境对待各种生活的紧张事件。

不过，如果要求一个人真正做到不较真、能容人，也不是简单的事，首先需要有良好的修养、善解人意的思维方法，并且需要从对方的角度设身处地地考虑和处理问题，多一些体谅和理解，就会多一些宽容，多一些和谐，多一些友谊。

总之，该糊涂时就糊涂，不与人斤斤计较，在宽容他人的同时，也不会破坏自己的心情，所以，在不违背原则的情况下，适当的糊涂是一种大智慧。

## ·第三节·

# 宽以待人，以包容代替抱怨

## 宽容比怨恨更具威慑力

古今中外，许多大人物身上都有大度、宽容的美德，这也是他们能够被人们尊重的原因之一。

一天，在开往费城的火车上，一个妇人中途上了车，她走进一节车厢，坐在了座位上。对面是一位略显肥胖的男子，正在吸烟。这位妇女禁不住咳了几声，可是，那个男子丝毫没注意到她的暗示。最后，妇人忍不住开口说："你多半是外国人吧！大概不知道这趟车有一节吸烟车厢，这里是不让吸烟的。"那个男子一声不吭，掐灭了香烟，扔出了窗外。

这时，列车员走过来对妇人说，这里是格兰特将军的私人车厢，请她离开。她听了大吃一惊，心里很害怕会受到责罚，赶快站起身往门口走。而格兰特将军仍像刚才一样，并没有给她任何难堪，甚至没有取笑、嘲弄她的神情。

宽容也并非大人物的专利，普通人也同样有之。

格林夫妇带着两个儿子在意大利旅游，不幸遭劫匪袭击。7岁的长子尼古拉死于劫匪的枪下，在医生证实尼古拉的大脑确实已经死亡的10个小时内，孩子的父亲做出了决定，同意将儿子的器官捐出。4小时后，尼古拉的心脏移植给了一个患先天性心肌畸形的14岁孩子；一对肾分别使两个患先天性肾功能不全的孩子有了活下去的希望；一个19岁的濒危少女，获得了尼古拉的肝；尼古拉的眼角膜使两个意大利人重见光明。就连尼古拉的胰腺，也被提取出来，用于治疗糖尿病……

“我不恨这个国家，不恨意大利人。我只是希望凶手知道他们做了些什么。”格林说，嘴角的一丝微笑掩不住内心的悲痛。而他的妻子玛格丽特的庄重、坚定、安详的面容，和他们4岁幼子脸上小大人般的表情，尤其令意大利人的灵魂震撼！他们失去了自己的亲人，但事件发生后他们所表现出来的宽容与大度，令全体意大利人深感羞愧。

生活中，我们要学会宽容、大度。古人说：“大度集群朋。”一个人若能有宽宏的度量，他的身边便会集结起大群的知心朋友。大度，表现为对人、对事能“求同存异”，不以自己的特殊个性或癖好对待他人。大度，也表现为能听得进各种不同的意见，尤其能认真听取相反的意见。

大度，还要能容忍他人的过失，尤其是当他人对自己犯有过失时，能不计前嫌，一如既往。大度，更应表现为能够虚心接受批评，发现自己的过失，便立即改正，和他人发生矛盾时，能够主动检讨自己，而不文过饰非、推诿责任。大度者，能够关心人、帮助人、体贴人，责己严、责人宽。

有首打油诗写道：“占便宜处失便宜，吃得亏时天自知。但把此心存正直，不愁一世被人欺。”内心正直、胸怀雅量，才能包容万物，才能以美好、善良之心看待万物。

那么，如何培养度量呢？

凡是小事，不要太过计较，要原谅别人的过失。

不如意的事来临时，泰然处之，不为所累。

受人讥讽，不要睚眦必报。

学会吃亏，把便宜让给别人。

多看别人的优点，少盯着别人的缺点。

俗语说："将军额上能跑马，宰相肚里能撑船。"宽容是一种境界、一种美德，它能使复杂的事情变简单，使人生跃上新的台阶。

## 与人争辩，你永远不会真赢

与别人看法和意见不一致，就去跟别人争辩，这样的想法是错的。因为在你争辩的过程当中，势必会想办法证明自己是对的，别人是错的。

美国耶鲁大学的两位教授曾经做过一项实验。他们耗费了 7 年的时间，调查了种种争论的实态。例如，店员之间的争执、夫妇间的吵架、售货员与顾客间的斗嘴等，甚至还调查了联合国的讨论会。结果，他们证明了凡是去攻击对方的人，绝对无法在争论方面获胜。

当别人在和你谈话时，他根本没有准备请你说教，若你自作聪明，拿出更高超的见解，对方绝不会乐意接受。所以，你不可随便摆出要教导别人的姿态。你的同事向你提出一个意见时，你若不能赞同，最低限度也要表示可以考虑，不可马上反驳。要是你的朋友和你谈天，你更要注意，太多的执拗会把一切有趣的生活变得乏味。遇上别人真的错了，又不肯接受批评或劝告时，别急于求成，往后退一步，把时间延长些，隔一天或两个星期再谈吧！否则大家都固执，就不仅没有进展，反而互相伤害感情，造成隔阂了。

那么怎样才能有效避免争论呢？大致可以从以下几个方面做起：

**1. 欢迎不同的意见**

当你与别人的意见始终不能统一的时候，这时就要求舍弃其中之一。人的脑力是有限的，有些方面不可能完全想到，因而别人的意见是从另外一个人的角度提出的，总有些可取之处，或者比自己的更好。这时你就应该冷静地思考，或两者互补，或择其善者。如果采取的是别人的意见，就应该衷心感谢对方，因为有可能此意见可以使你避开了一个重大的错误，甚至奠定了你一生成功的基础。

**2. 不要相信直觉**

每个人都不愿意听到与自己不同的声音。当别人提出与你不同的意见时，你的第一个反应是要自卫，为自己的意见辩护并竭力去寻找根据，这完全没有必要。这时你要平心静气地、公平、谨慎地对待两种观点（包括你自己的），并时刻提防你的直觉（自卫意识）对你做出正确抉择的影响。值得一提的是，有的人脾气不好，听不得反对意见，一听见就会暴躁起来。这时就应控制自己的脾气，让别人陈述观点，不然，就未免气量太窄了。

**3. 耐心把话听完**

每次对方提出一个不同的观点，不能只听一点就开始发作了，要让别人有说话的机会。一是尊重对方，二是让自己更多地了解对方的观点，以判断此观点是否可取，努力建立了解的桥梁，使双方都完全知道对方的意思，不要弄巧成拙。否则的话，只会增加彼此沟通的障碍和困难，加深双方的误解。

**4. 仔细考虑反对者的意见**

在听完对方的话后，首先想的就是去找你同意的意见，看是否有相同之处。如果对方提出的观点是正确的，则应放弃自己的观点，而考虑采取他们的意见。一味地坚持己见，只会使自己处于尴尬境地。

**5. 真诚对待他人**

如果对方的观点是正确的，就应该积极地采纳，并主动指出自己观点的不足和错误的地方。这样做，有助于解除反对者的武装，减少他们的防卫，同时也缓和了气氛。

## 及时原谅别人的错误

世界上如果没有宽容和信任，一切亲情、友情、爱情都将失去存在的基础，每个角落都是尔虞我诈的欺骗，社会将毫无温情可言。

过错与过错是不一样的，有的过错不可原谅，有的过错可以原谅。对别人偶尔犯下的过错，只要他承担了自己应负的责任，我们理当予以原谅。

要做到胸襟开阔，一般需要认识到“人无完人”，要做到“得理让人”，宽容别人。

小赵大学毕业初入社会，在一家公司外贸部就职。他的顶头上司每天下班后总是跟着外方科长拼命“加班”，无事瞎忙，把白天理好的文件弄得一团糟，出了错，又把责任推给小赵。小赵的稚嫩决定他不是一个会“争”的人，只好忍气吞声地等外方科长长出“火眼金睛”，看出此中曲直来，结果等了几个月，还是等不来一句公道话。

一气之下，小赵辞职去了另一家公司，在那里，他的出色工作博得了许多同事的称赞，但无论怎样也没法使苛刻、暴躁的经理满意。心灰意冷间，他又萌生了跳槽之念，于是向总经理递交了辞呈。总经理先生没有竭力挽留小赵，只是告诉他自己处世多年得出的一个经验：如果你讨厌一个人，你就要试着去爱他。总经理说，他就像鸡蛋里挑骨头一样在每一位上司身上找优点，结果，他发现了老板的两大优点，而老板也逐渐喜欢上了他。

小赵依旧讨厌他的经理，但已悄悄收回了辞呈。

作为一个成熟的人，应该放开心胸去包容一切，爱一切。就算我们没办法爱我们的敌人，起码也应该更多爱惜自己。不要让敌人控制我们的心情，左右我们的健康。

当然，人非圣贤，要去爱我们的敌人也许真的有点强人所难，但出于自身的健康与幸福，学习宽恕敌人，甚至忘了所有的仇恨，也可以算是一种明智之举。

## 拥有忍耐力可以战胜一切

当“智慧”已经钝化，“天才”无能为力，“机智”与“手腕”已经机关算尽，其他的各种能力都已束手无策、宣告绝望的时候，就只剩下“忍耐”。

在别人都已停止前进时，你仍然坚持；在别人都已失望放弃时，你仍然进行，这是需要相当的勇气的。使你得到比别人更高的位置、更多的薪资，使你超乎寻常的，正是这种坚持、忍耐的能力，不以喜怒好恶改变行动的能力。

忍耐的精神与态度，是许多人能够成功的关键。

推销商品时，不管对方怎样傲慢无礼，总不要怒然而返，这种商人才能得到胜利。一次推销不成，两次、三次、四次，最后使对方不但钦佩你的勇气与决心，并会感受到你的耐力与诚恳的精神而照顾你的生意。

在商界中，能做最多的生意、得到最多的主顾的人，都是那些决不在困难时说出“不”字来的人，是那种有忍耐的精神、谦和的礼貌，足以使别人感觉难拂其意、难却其情的人。

人们的天性决定了他们对各商家的推销员，总有些不欢迎。但当他们遇到了一个有忍耐精神、谦和态度的推销员，事情就不同了。他们知道，有忍耐精神的推销员是不容易打发的，他们常常由于钦佩某个推销员的忍耐精神而购买他的商品。

有谦和、愉快、礼貌、诚恳的态度，同时又兼具忍耐精神的人，是非常幸运的。

做我们高兴做的事，做我们愿意做的事，这是很容易的，但是要全神贯注地去做那种不快的、讨厌的、为我们的内心所反对的，而同时又因为别人的缘故不得不去做的事，却是需要勇气、耐性的。每天怀着勇气与热忱去从事我们所不适宜、不想做的工作，从事我们内心反抗不得不干的事，年复一年这样下去，真是需要英雄般的勇气与耐力。

认定了一个大目标，不管它可喜或可厌，不管自己高兴或不高兴，总是全力以赴——这样的人，总能得到胜利。定下了一个固定的目标，然后集中全部精力去实现那个目标。这种能力，最能获得他人的钦佩与尊敬。

没有不顾障碍而坚持奋斗的勇气与百折不回的忍耐精神，不能成就大的事业。懦弱、意志不坚定、不能忍耐的人，不能得到他人的信任与钦佩。只有积极的、意志坚强的人，才能得到大家的信任。如果没有大家的信任，那么事业的成功是没什么希望的。

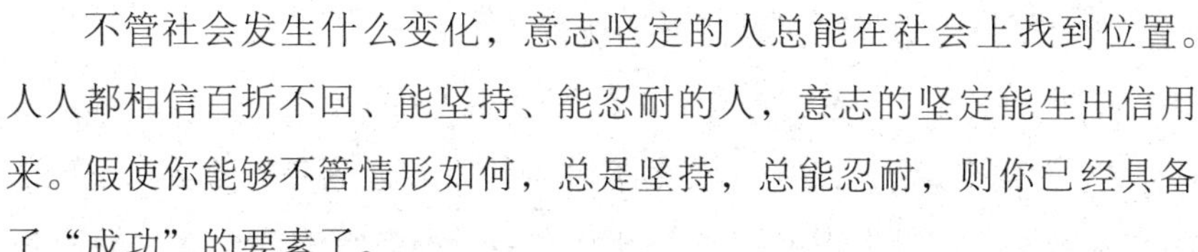

不管社会发生什么变化，意志坚定的人总能在社会上找到位置。人人都相信百折不回、能坚持、能忍耐的人，意志的坚定能生出信用来。假使你能够不管情形如何，总是坚持，总能忍耐，则你已经具备了“成功”的要素了。

所以，从某个角度来说，忍耐不失为一种技巧和一种策略。

## 报复是对别人的打击，也是对自己的摧残

大多数人都一直以为，只要我们不原谅对方，就可以让对方得到一些教训，也就是说：只要我不原谅你，你就没有好日子过。而实际上，不原谅别人，表面上是令别人尴尬，其实真正倒霉的人却是我们自己，一肚子窝囊气不说，甚至连觉都睡不好。没多久就积出病来。这样看来，报复不仅让我们对别人的打击不能实现，反倒对自己的内心是一种摧残。

有一位好莱坞的女演员，失恋后，怨恨和报复心使她的面孔变得僵硬而多皱，她去找一位最有名的化妆师为她美容。这位化妆师深知她的心理状态，中肯地告诉她：“你如果不消除心中的怨和恨，我敢说全世界任何美容师也无法美化你的容貌。”

当你被痛苦折磨得筋疲力尽时，不妨学着宽恕，忘记怨恨，沉浸在痛苦的回忆中是徒劳的。与其咒骂黑暗，不如在黑暗中燃起一支明烛。忘记怨恨能让你告别过去的灰暗情绪，重新变得积极乐观起来。

生活中，我们难免与别人产生误会、摩擦。有的伤了自己的面子，有的让自己下不了台，有的当众给了自己难堪，有的对自己有成见，等等。如果不注意，在我们萌生恨意之时，仇恨便会悄悄成长，你的

心灵就会背负上报复的重负而无法获得自由。

英国作家乔治·赫伯特说：“不能宽容的人将会损坏他自己必须去过的桥。”这句话的智慧在于，宽容使给予者和接受者都受益。当真正的宽容产生时，没有疮疤留下，没有伤害，没有复仇的念头，只有愈合。宽容是一种医治的力量，不仅能医治被宽容者的缺陷，还可以挖掘出宽容者身上的伟大之处，正如美国作家哈伯德所说：“宽容和受宽容的难以言喻的快乐，是连神明都会为之羡慕的极大乐事。”

1944 年冬天，苏军已经把德军赶出了国门，成百万的德国兵被俘虏。一天，一队德国战俘从莫斯科大街上穿过，所有的马路都挤满了人。他们中的每一个人，都和德国人有着一笔血债。

妇女们怀着满腔仇恨，当俘虏出现时，她们把手攥成了拳头。士兵和警察们竭尽全力阻挡着她们，生怕她们控制不住自己。

这时，最令人意想不到的事情发生了：一位上了年纪的犹太妇女，从怀里掏出一个用印花布方巾包裹的东西。里面是一块黑面包，她把它塞到了一个疲惫不堪的、几乎站不住的俘虏的衣袋里。

她转过身对那些充满仇恨的同胞们说：“当这些人手持武器出现在战场上时，他们是敌人。可当他们解除了武装出现在街道上时，他们是跟所有别的人，跟‘我们’和‘自己’一样的人。”

于是，气氛改变了。妇女们把面包、香烟等各种东西塞给这些战俘。

仇恨是带有毁灭性的情感，只会激化矛盾，酿成大祸。宽容的心却能轻易将恨意化解，让紧张的气氛化成温情脉脉。能将宽容之心给予敌对方，已经可以称得上圣洁了，即便只是一个贫苦的犹太老妇人，也完全担得起“伟大”两个字。

有智慧的人，不会将“仇人”恨之入骨。每个人站的角度不同，考虑的事情自然有所差异，不管想法和你是否接近，每个角度的“出发点”自有它存在的理由。我们应该学会宽容：把自己当成别人，站在对方的角度去感受对方的情感；把别人当成自己，感同身受用亲身去体验别人的感受；把别人当成别人，我们无法强求别人改变，只能去理解别人；把自己当成自己，我们的一切理解和包容并非为了别人，而是为了自己，设身处地地包容别人，其实也是在包容我们自己。

## 消灭嫉妒的“毒瘤”

有人的地方，就有比较。所以人与人之间的交往，一直遵循着“攀比定律”，即别人有的东西，我也要有；别人没有的东西，我最好也有。这样就会产生心理上的优越感，否则就只能看着别人的东西生气。嫉妒的痛苦是难以用语言来形容的。

一般来说，心胸狭窄的人都有一颗善于嫉妒别人的心，而一个人的嫉妒心常常会让他采取一些过激行为，这对于个人的成长来说不啻于一颗毒瘤。其实，嫉妒的杀伤力远超过我们的想象，每当心中怀着一股嫉妒之火时，受到伤害的就是自己。

一只老鹰常常嫉妒别的老鹰飞得比它高。有一天，它看到一个带着弓箭的猎人，便对他说：“我希望你帮我把在天空飞的其他老鹰射下来。”

猎人说：“你若提供一些羽毛，我就把它们射下来。”

这只老鹰于是从自己的身上拔了几根羽毛给猎人，但猎人却没有射中其他的老鹰。它一次又一次地提供身上的羽毛给猎人，直到身上大部分的羽毛都拔光了。于是猎人转身过来抓住它，把它杀了。

嫉妒对嫉妒者的伤害，正如铁锈对钢铁的伤害一样。心胸狭窄者之所以避免不了失败的结局，就在于他们心存不良。不愿别人超过自己倒还罢了，要命的是，当自己倒霉之时，也要别人没好日子过。要达到这样的目的，除了伤人害己，别无他途了。

听一听智者的箴言，让我们再次认识嫉妒之害。英国作家萨克雷说：“一个人妒火中烧的时候，事实上就是个疯子，不能把他的一举一动当真。”

另一位英国作家亚当契斯说：“不要让嫉妒的毒蛇钻进你的心里，这条毒蛇会腐蚀你的头脑，毁坏你的心灵。”

英国逻辑学家罗素说：“善嫉的人，不但从自己所有的东西中拿掉快乐，还从他人所有的东西中拿走痛苦。”

英国诗人雪莱说：“妒忌的眼睛易受欺骗。”

英国哲学家培根说：“妒忌会使人得到短暂的快感，也能使不幸更辛酸。”

德国散文家海涅说：“失宠和嫉妒曾使天使堕落。”

英国戏剧家莎士比亚说：“善妒者必惹忧愁。”

既然嫉妒如毒素，不让嫉妒之火成为心中的绳索。你要明白，嫉妒实质上是在不知不觉中毁灭了你自己。一滴水成不了海洋，一棵树成不了森林。任何事业的成功都少不了合作，而嫉妒却总是会拆散所有的合作。因而，克服嫉妒，你就要时刻提醒自己：只有你自己将一事无成。

著名的华尔街投资大师巴鲁克说：“不要妒忌。最好的办法是假定别人能做的事情，自己也能做，甚至能做得更好。”记住，一旦你开始妒忌，也就是承认自己不如别人。你要超越别人，首先你得超越自身。坚信别人的优秀并不妨碍自己的前进，相反，它可能给你前所未有的动力。事实上，每一个真正埋头投入自己事业的人，是没有工夫去嫉妒别人的。

# 第二章

# 化解苦难，包容是心灵暗夜的指明灯

·第一节·

# 苦难是人生必须经历的一课

## 苦难是上帝赐予的财富

人的一生中会遇到各种各样的苦难。正如一位智者所言："没有苦难的人生不是真正的人生。"一个人只有经过困境的砥砺，才能焕发生命的光彩。沿着岁月的河道，我们回溯到几千年前的印度，无数先哲们在几千年的雾山上，用瑜伽的朴素方式苦苦修习一种心性和智慧的通透，来印证着生命的不凡，让人心中读懂了苦难的许多真义。其实，当我们仔细地去品味诸如蚌病生珠、万涓成河、蛹化成蝶的生命故事，心灵会在刹那间被一种战胜苦难的神奇力量击中。

巍峨的大树，其挺拔的身姿是在与狂风暴雨搏斗后磨砺出来的；精良的斧头，其锋利的斧刃是在铁匠手中千锤百炼打造出来的。一个不容忽视的现实：顺境中的人往往"苗而不秀，秀而不宝"。那是因为"温室"里的幼苗禁不起风吹雨打。

俗话说："火石不经摩擦就不会迸发出火花。"同样，人若不遭遇苦难，生命之火就不会有火焰的灿烂。因为苦难并不可怕，它可以培养人的意志，给人信心、毅力和勇气。正如《真心英雄》里唱道："不经历风雨，怎么见彩虹。”是啊，不曾跌倒的人怎么会知道跌倒的滋味呢，更不知道跌倒了该如何爬起来。对于一个人来说，苦难确实是残酷的，但如果你能充分利用苦难这个机会来磨炼自己，苦难会馈赠给你很多。要知道，勇气和毅力正是在这一次次的跌倒、爬起的过程中增长的。

帕格尼尼，世界超级小提琴家。他是一位在苦难的琴弦下把生命之歌演奏到极致的人。7 岁患上严重肺炎，只得大量放血治疗。46 岁因牙床长满脓疮，拔掉了大部分牙齿。其后又染上了可怕的眼疾。50 岁后，关节炎、喉结核、肠道炎等疾病折磨着他的身体与心灵。后来声带也坏了。他仅活到 57 岁，就口吐鲜血而亡。

身体的创伤不仅仅是他苦难的全部。他从 13 岁起，就在世界各地过着流浪的生活。他曾一度将自己禁闭，每天疯狂地练琴，几乎忘记了饥饿和死亡。

像这样的一个人，这样一个悲惨的生命，却在琴弦上奏出了最美妙的音符。3 岁学琴，12 岁首场个人音乐会。他令无数人陶醉，令无数人疯狂！

乐评家称他是“操琴弓的魔术师”。歌德评价他：“在琴弦上展现了火一样的灵魂。”李斯特大喊：“天哪，在这四根琴弦中包含着多少苦难、痛苦与受到残害的生灵啊！”苦难净化心灵，悲剧使人崇高。也许上帝成就天才的方式，就是让他在苦难这所大学中进修。

苦难，在这些不屈的人面前，会化为一种礼物，一种人格上的成熟与伟岸，一种意志上的顽强和坚韧，一种对人生和生活的深刻认识。

苦难本是生命旅途中一道不可不观的风景。苦难是竖在现实和未来之间的一扇纸糊的门，你只要敢于捅破，前方便一路坦途；苦难是蹲在成功门前的看门犬，怯弱的人逃得越急，它便追你越紧；苦难是火焰熊熊的炼狱，灵魂在苦难中涅槃，就会显露出金子般的成色……四季轮回，既然有春天的葱茏，也就有秋天的落叶，既然有夏天的热烈，也就有冬天的风雪。我们没有理由不接受苦难，没有理由不善待苦难。世上没有不弯的路，人间没有不谢的花。苦难宛如天边的雨，说来就来，你无法逃避，无法退却；苦难又似横亘的山，赶也赶不跑，你只有跨越，只有征服。生命中所有的艰难险阻都是通向人生驿站的铺路石。

你还在郁闷金融危机下的工作不好找吗？你还在埋怨城区的房租太昂贵吗？你还在厌烦现在的生活压力大吗？你还在苦恼目前的日子过得艰苦吗？学会接受这些宝贵的“苦难”，并努力去改变吧，只有当你克服了这些困难，你才真正学会成长。

## 以游戏之心看待挫折

我们从小就学会了做游戏，游戏本身，就是在不断战胜挫折与失败中获取一种刺激与欢乐。假如没有挫折与失败，再好的游戏也会索然无味。人生就如一场游戏，我们作为其中的玩家，真的能像对待现实的游戏一样对待它吗？人们玩游戏，是寻找娱乐，是带着挑战的心情去面对游戏中的困难与挫折的，面对强大的对手，不断地损伤受挫，但越是如此，越会兴头十足。试想，倘若人们在生活中，也有这么一种积极向上的游戏心态，那么失败后，就不会显得那般沉重和压抑。既然如此，我们为何不将挫折变成一种游戏呢？那样便会让痛苦沮丧的心情超然快活起来。二者其实并无差别，只是人们在游戏中身心放松，而在生活中过于紧张。

每个人的路都不一样，但命运对每个人都是公平的，有得必有失，就看你能不能往好处想。

一个病入膏肓的妇人，整天想象死亡的恐怖，心情坏到了极点。哲学家蓝姆·达斯去安慰她，说："你是不是可以不要花那么多时间去想死，而把这些时间用来考虑如何快乐地度过剩下的时间呢?"

他刚对妇人说时，妇人显得十分恼火，但当她看出蓝姆·达斯眼中的真诚时，便开始慢慢地领悟他话中的诚意。"说得对，我一直都在想着怎么死，完全忘了该怎么活了。"她略显高兴地说。

一个星期之后，那妇人还是去世了，她在死前对蓝姆·达斯说："这一个星期，我活得比前一阵子幸福多了。"

"苦乐无二境，迷悟非两心"，妇人学会了心往好处想，所以在离开人世前仍能感到一丝幸福；如果她仍像以前一样，一味想死，那她只能痛苦地离开人世。

心往好处想，不论何时，不论何事。人可以没有名利，没有金钱，但必须拥有美好的心情。

一个春光明媚的日子，在阳光普照的公园里，许多小孩正快乐地游戏，其中一个小女孩不知绊到了什么东西，突然摔倒了，并开始哭泣。这时，旁边有一个小男孩立即跑过来，别人都以为这个小男孩会伸手把摔倒的小女孩拉起来或安慰鼓励她站起来。但出乎意料的是，这个小男孩竟在哭泣的小女孩身边故意摔了一跤，同时一边看着小女孩一边笑个不停。泪流满面的小女孩看到这情景，也觉得好笑，于是破涕为笑了。

将生活中的挫折和困难视为游戏，不是为了游戏人生，而是为了以积极的心态面对现实，从而克服困难。笑看忧愁，笑看人生，如此而已！

# 挫折中蕴涵着机遇

曾担任过联合国秘书长的瑞典政治家哈马舍尔德说：“我们无从选择命运的框架，但我们放进去的东西却是我们自己的。”人不能选择命运，却可以选择自己生命的道路。你选择艰苦的道路，你的脚印就会印在上面，被人们记住。

在一次座谈会上，人们的发言都挺精彩，但大多冗长。该他上台时，已过了预定的会议结束时间，于是主持人宣布让他讲3分钟。

他的开场白是：“日本有个阿信，台湾有个阿进，阿进就是我。”接着，他给大家讲了自己的故事：他的父亲是个盲人，母亲也是个盲人且智力不好，除了姐姐和他，几个弟弟妹妹也都是盲人。父亲和母亲只能当乞丐，住的是乱坟岗里的墓穴，他一生下来就和死人的白骨相伴，能走路了就和父母一起去乞讨。他9岁的时候，有人对他父亲说，你该让儿子去读书，要不他长大了还是要当乞丐。父亲就送他去读书。上学第一天，老师看他脏得不成样子，给他洗了澡。为了供他读书，才13岁的姐姐就到青楼去卖身。照顾瞎眼父母和弟妹的重担落到了他小小的肩上——他从不缺一天课，每天一放学就去讨饭，讨饭回来就跪着喂父母。瞎且弱智的母亲每次来月经，甚至都是他为母亲换草纸。后来，他上了一所中专学校，竟然获得了一个女同学的爱情。但未来的丈母娘却说“天底下找不出他家那样的一窝窝人”，把女儿锁在家里，用扁担把他打出了门……

故事讲到这里就停了，他说，由于时间的关系，今天就到此为止。这时，他提高了声音：“但是，我要说，我对生活充满感恩之心。我感谢我的父母，他们虽然瞎，但他们给了我生命，至今我都还是跪着给他们喂饭；我还感谢苦难的命运，是苦难给了我磨炼，给了我这样一份与众不同的人生；我也感谢我的丈母娘，是她用扁担打我，让我知道要想得到爱情，我必须奋斗、必须有出息……”

他就是我国台湾杰出青年——赖东进。

“罗马不是一天建成的”，任何一个伟大事业完成的背后，总有不少感天动地的故事。而故事中的“英雄”“伟人”“名人”，却是在不为人知的岁月里，花了许多宝贵的时间，流了许多辛勤的汗水！

我们不要只羡慕鲜花的芬芳，没有泥土的滋养，它们也没有绽放的机会。一分耕耘，总有一分收获，泥泞的道路上布满勤奋的脚印，路的那一端才能真正地通向成功。作为一个现代人，应做好迎接挑战的心理准备。世界充满了机遇，也充满了风险。要不断提高自我应付挫折的能力，调整自己，增强社会适应力，坚信挫折中蕴涵着机遇。

## 折磨你的人是你的新鲜空气

感激伤害你的人，因为他磨炼了你的心志；感激欺骗你的人，因为他增进了你的见识；感激鞭挞你的人，因为他清除了你的业障；感激压抑你的人，因为他拓展了你的心胸；感激身边的小人，因为他让你学会了生存；感激曾经的男人，因为他让你学会了保护；感激嫉妒的女人，因为她让你学会了包容；感激爱你的人，因为他让你懂得了什么是爱。感恩的心，感谢有你，感谢所有的好人、坏人，男人、女人、老人、小孩。

有一本书曾经这样写道：人生活在这个世界上，总会经历这样那样的烦心事，这些事总是会折磨人的心，使人不得安稳。尤其对于刚毕业的大学生来说，刚在社会中立足，还未完全成长起来，却要承受这个社会的种种压力，如待业、失恋、职场压力等的折磨。而且大学生本身又是一个敏感脆弱的群体，往往在这些折磨面前束手无策。

其实，世间的事就是这样，如果你改变不了世界，那就改变你自己吧。换一种眼光去看世界，你会发现所谓的“折磨”其实都是促进你生命成长的“清新氧气”。

人们往往把外界的折磨看作人生中纯粹消极的、应该完全否定的东西。当然，外界的折磨不同于主动的冒险，冒险有一种挑战的快感，而我们忍受折磨总是迫不得已的。但是，人生中的折磨总是完全消极的吗？清代金兰生在《格言联璧》中写道：“经一番挫折，长一番见识；容一番横逆，增一番气度。”由此可见，那些挫折和横逆的折磨对人生不但不是消极的，还是一种促进你成长的积极因素。

生命是一次次的蜕变过程。唯有经历各种各样的折磨，才能拓展生命的厚度。只有一次又一次与各种折磨握手，历经反反复复几个回合的较量之后，人生的阅历才会在这个过程中日积月累、不断丰富。

在人生的岔道口，若你选择了一条平坦的大道，你可能会有一个舒适而享乐的青春，但你会失去一个很好的历练机会；若你选择了坎坷的小路，你的青春也许会充满痛苦，但人生的真谛也许就此被你打开了。

蝴蝶的幼虫时期是在一个洞口极其狭小的茧中度过的。当它的生命要发生质的飞跃时，这天定的狭小通道对它来讲无疑成了鬼门关，那娇嫩的身躯必须竭尽全力才可以破茧而出。许多幼虫在往外冲杀的时候力竭身亡，不幸成了飞翔的悲壮祭品。

有人怀了悲悯恻隐之心，企图将那幼虫的生命通道修得宽阔一些，他们用剪刀把茧的洞口剪大，这样一来，所有受到帮助而见到天日的蝴蝶都不再是真正的剧情精灵——它们无论如何也飞不起来，只能拖着丧失了飞翔功能的双翅在地上笨拙地爬行！原来，那“鬼门关”般的狭小茧洞恰是帮助蝴蝶幼虫两翼成长的关键所在，穿越的时候，通过用力挤压，血液才能被顺利输送到蝶翼的组织中去，唯有两翼充血，蝴蝶才能振翅飞翔。人为地将茧洞剪大，蝴蝶的翼翅就没有了充血的机会，爬出来的蝴蝶便永远与飞翔绝缘。一个人成长的过程恰似蝴蝶的破茧过程，在痛苦的挣扎中，意志得到磨炼，力量得到加强，心智得到提高，生命在痛苦中得到升华。当你从痛苦中走出来时，就会发现，你已经拥有了飞翔的力量。如果没有挫折，也许就会像那些受到“帮助”的蝴蝶一样，萎缩了双翼，平庸过一生。

只有经历过风雨，才能增长经验，你才能离成功更近一步。

## 学会接受不可更改的事实

荷兰阿姆斯特丹有一座 15 世纪的教堂遗迹，里面有这样一句让人过目不忘的题词：“事必如此，别无选择。”命运中总是充满了不可捉摸的变数，如果它给我们带来了快乐，当然是很好的，我们也很容易接受。但事情却往往并非如此，有时，它带给我们的会是可怕的灾难，这时如果我们不能学会接受它，反而让灾难主宰了我们的心灵，那生活就会永远地失去阳光。

琼妮小姐是新西兰一位建筑商的女儿，移居美国后，曾在休斯敦一家电视台工作，1990年起任CNN摄影记者。1992年6月，她被派往萨拉热窝进行战地采访。在那里，曾有多名记者丧生。

琼妮在萨拉热窝逗留6个星期后，已经习惯周围的流弹，一天清早，一颗子弹击穿车玻璃，正好击中她的脸部，几乎掀掉了她的半边脸，她的颧骨被打得粉碎，牙齿没有了，舌头被打断。送到诊所时，大夫们直摇头，认为她不行了。经过20多次手术后，她又奇迹般地回到了工作岗位。这时的她，下颌仍无感觉，脸部还留着弹片，体重减轻了8公斤。令大家吃惊的是，她要求重返萨拉热窝。她幽默地说："说不定我还能在那里找回我的牙齿。"她甚至想认识一下当初袭击她的枪手。有人问她，见到那个枪手后怎么办。她说："我会请他喝一杯，问他几个问题，比方说当时距离有多远。"

琼妮面对厄运的乐观态度证明她是一个具有坚韧毅力的女孩，正是这种乐观的性格，使她能够迅速摆脱挫折的阴影，积极地投入到新的工作中去。

威廉·詹姆斯说："完全接受已经发生的事，这是克服不幸的第一步。"哲人说："太阳底下所有的痛苦，有的可以解救，有的则不能，若有就去寻找；若无，就忘掉它。"

快乐是什么？快乐是血、泪、汗浸泡的人生土壤里怒放的生命之花，正如惠特曼所说："只有受过寒冷的人才感觉得到阳光的温暖，也只有在人生战场上受过挫败、痛苦的人才知道生命的珍贵，才可以感受到生活之中的真正快乐。"

托尔斯泰在他的散文名篇《我的忏悔》中讲了这样一个故事：一个男人被一只老虎追赶而掉下悬崖，庆幸的是在跌落过程中他抓住了一棵生长在悬崖边的小灌木。此时，他发现，头顶上那只老虎正虎视眈眈，低头一看，悬崖底下还有一只老虎，更糟的是，两只老鼠正忙着啃咬悬着他生命的小灌木的根须。绝望中，他突然发现附近生长着一簇野草莓，伸手可及。于是，这人摘下草莓，塞进嘴里，自语道："多甜啊！"生命进程中，当痛苦、绝望、不幸和危难向你逼近的时候，你是否还能享受一下野草莓的滋味？"尘世永远是苦海，天堂才有永恒的快乐"是禁欲主义编撰的用以蛊惑人心的谎言，苦中求乐才是快乐的真谛。

当你对生活感到绝望的时候，请再等待3天，希望便会出现。

应邀访美的女作家在纽约街头遇见一位卖花的老太太。这位老太太穿着相当破旧，身体看上去很虚弱，但脸上却满是喜悦。女作家挑了一朵花说："你看起来很高兴。"

"为什么不呢？一切都这么美好。"

"你很能承担烦恼。"女作家又说。然而，老太太的回答令女作家大吃一惊："耶稣在星期五被钉在十字架上的时候，那是全世界最糟糕的一天，可3天后就是复活节。所以，当我遇到不幸时，就会等待3天，一切就恢复正常了。"

英格兰的妇女运动名人格丽·富勒曾将一句话奉为真理："我接受整个宇宙。"是的，你我也应该能接受不可避免的事实。即使我们不接受命运的安排，也不能改变事实分毫，我们唯一能改变的只有自己。成功学大师卡耐基也说："有一次我拒不接受我遇到的一种不可改变的情况。我像个蠢蛋，不断作无谓的反抗，结果带来无眠的夜晚，我把自己整得很惨。终于，经过一年的自我折磨，我不得不接受我无法改变的事实。"

面对现实，并不等于束手接受所有的不幸。只要有任何可以挽救的机会，我们就应该奋斗！但是，当我们发现情势已不能挽回时，我们最好就不要再思前想后，拒绝面对，要接受不可避免的事实，唯有如此，才能在人生的道路上掌握好平衡。

## 不能改变环境，就学着适应它

诸葛亮说："腐儒俗士岂识时务，识时务者在乎俊杰。"

什么是识时务呢？识时务即指认清事物的变化方向，了解问题的特征，就如同垂钓之人了解鱼的习性，湘菜馆老板了解湘菜的发展趋势一样。懂得这样做的人才是高明之人，才堪称俊杰。

很多人都在问："社会变化了，我能够做什么？"这个问题给很多人造成了心理障碍，让他们陷入了痛苦的深渊。

如果你的天赋和内心要求你从事木工工作，那么你就做一个木匠；如果你的天赋和内心要求你从事医学工作，那么你就做一名医生。人的生存离不开环境，环境一旦变化，我们必须随时调整自己的观念、思想、行动及目标，以适应这种变化，这是生存的客观法则。

刚刚毕业于某高校音乐学院的小李，被分配到一家国企的工会做宣传工作。刚开始，他很苦恼，认为自己的专业才能与工作不对口，在这里长干下去，不但自己的前途会被耽误，而且自己的专长也可能荒废。于是，他四处活动，想调到一个适合自己发展的单位。可是，几经折腾，终未成功。最后，他便死心塌地地安守在这个工作岗位上，并发誓要改变"英雄无用武之地"的状况。他找到单位工会主席，提出了自己要为企业筹建乐队的计划。正好这个企业刚从低谷走出来，扭亏为盈，开始进入高速发展时期，自然也想大张旗鼓地宣传企业形象，提高产品的知名度，就欣然同意了他的计划。他来了精神，跑基层、寻人才、买器具、设舞台、办培训，不出半

年，就使乐团初具了规模。两年以后，这个企业乐团的演奏水平已成为全市一流，而且堪与专业乐团相媲美，而他自己也成了全市知名度较高的乐队经理。通过自己的努力，他完全改变了自己所处的环境，化劣势为优势，不但开辟出了自己施展才能的用武之地，而且培养了自己的领导管理才能，为他以后寻求更大的发展奠定了坚实的基础。

适应环境需要许多条件，但最重要的是你的信心与智慧，它们相辅相成、缺一不可，有了适应环境的决心和勇气，肯定能够想出解决问题的好方法。

但现实生活中，有的人却不这样，他们改变不了环境，也不利用环境去努力寻找、开创新的机遇，而是怨天尤人、自暴自弃，把自己逼到了死角，一生难有任何作为。

其实，我们经常会身处一个陌生、被动的环境中，而环境本身往往又是不容易被改变的。这时正确的做法就是适应环境，在适应中改变自己、提升自己。

“自己的命运掌握在自己手中。”当你无法改变身处的环境时，就应该以一种积极向上的态度去适应它，在你付出勤奋后，便会发现成功已悄然来临。如果有一天你实现了自己的人生目的，你应该自豪地对自己说：“我掌握了命运，这都是我适时调整自己的结果。”

一个人要想生存，要想成为强者，就必须跟着时代的步伐一起前进。也就是说，我们要想改变生存环境，必须首先顺应生存环境的发展变化。如果一个人想改变生存环境，却不能首先顺应环境的发展变化，那么，想改变环境的目的则是不可能达到的。

# 面对嗔怒，宽容是一种美德

在贪、嗔、痴、疑、慢五毒中，“嗔”是烦恼毒的根源，所谓一念嗔心起，八万障门开。在日常生活中，贪欲可以隐藏在内心深处，而很少有人能够喜怒不形于色。大多数人是喜怒无常的，快乐可以不动声色，而怒气却往往很明显地就浮现在脸上或者付诸于报复之中。

在贪嗔痴这三种最常见的烦恼心中，嗔心的毒害最大，因为贪往往是需要个人来背负的重担，通常只是带来个人的烦恼，而嗔怒的爆发是有指向性的，一旦发作，害人害己，是“双重的罪恶”。

嗔怒常常发生于不知不觉之间，当人想要控制自己的情绪时，却往往已经失控。嗔怒就像是一匹脱缰的野马，奔跑的方向已经难以掌控，只能在它闯祸之后，自己再来面对一个更加尴尬、更加难以把握的结果。“杀嗔心安稳，杀嗔心不悔；嗔为毒之根，嗔灭一切善”，因此，人往往会有悔，但是能将这错误归结到自己身上的也是少数，很多人甚至会认为这易怒的品性来自于自己的父母。之所以会有这样荒谬的想法，一方面可能是愚蠢；另一方面，则可能是刻意的推卸责任。

有一位学僧请教禅师：“我脾气暴躁、气短心急，以前参禅时师父曾经屡次批评我，我也知道这是出家人的大忌，很想改掉它。但是这是一个人天生的毛病，已成为习气，根本无法控制，所以始终没有办法纠正。请问禅师，您有什么办法帮我改正这个毛病吗?”禅师非常认真地回答道：“好，把你心急的习气拿出来，我一定能够帮你改正。”

学僧不禁失笑，说：“现在我没有事情，不会心急，有时候遇到事情它就会自然跑出来。”禅师微微一笑，说：“你看，你的心急有时候存在，有时候不存在，这哪里是习性？更不是天性了。它本来没有，是你因事情而生，因境而发的。你自己无法控制自己，还把责任推到父母身上，你不认为自己太不孝了吗？父母给你的只有佛心，没有其他。”

学僧惭愧而退。

故事中的学僧就是一个典型的没有认清自己嗔心源头的人。他把自己的“脾气暴躁、气短心急”归咎到父母身上，却不知这样的品性本非天生，而是源自自己后天的习性。既然是后天养成的，那么，嗔心就是能够改变的。一个人若能够时刻提醒自己以一颗宽容心对己对人，以一份豁达的心境面对人与事，那么，这个人就能够除却很多烦恼，保持一颗宁静的心。

“海纳百川，有容乃大”，宽容心让人更加柔韧，坚韧是一种特质，像水一样，刀剑斩不断，绳索缚不住，牢笼困不得，而水滴却能穿石。

有一天，佛陀在竹林精舍的时候，忽然来了一个人，那人愤怒地冲进精舍来。因为他同族的人，都出家到佛陀这里来了，因此他大发嗔火。

佛陀默默地听了他的辱骂后，等他稍微安静时，对他说：“你的家偶尔也有访客吧？”那人回答：“当然有了，你为什么问这些？”佛陀不答，继续问道：“那个时候，你偶尔也会款待客人吧？”那个人说：“那是当然了。”佛陀继续问：“假如那个时候，访客不接受你的款待，那么，那些菜肴应该归谁呢？”那个人回答：“要是他不吃的话，那些菜肴只好归我了。”佛陀以慈祥的目光盯着他看了一会儿，然后说：“你今天在我面前说很多坏话，但是我并不接受它，所以你的无理谩骂，那是归于你自己的啊！婆罗门啊，如果我被谩骂，而再以恶语相向时，就有如主客一起用餐一样，因此，我不接受这个菜肴。”

然后，佛陀说：“对愤怒的人，以愤怒还愤怒是一件不应该的事。对愤怒的人，不以愤怒还愤怒的人，将可得到两个胜利：知道他人的愤怒，而以正念镇静自己的人，不但胜于自己，而且胜于他人。”

面对他人的无理谩骂，以一种平和的心态对待，甚至以一颗宽容之心为他剖析其中缘由，这是对他的点悟和开示，是否能够参透，则要看他自己的造化了。

所以当嗔心的火熄灭时，对人会生起慈悲心，会以关怀、原谅、同情的心待人；当嗔心消灭时，对一切事物的决断，会以纯客观的智慧来处理自己的问题，分析他人的问题，化解一切麻烦的问题。因而要学会以豁达的心胸待人处事，不以人之犯己而动气，以祥和慈悲的态度面对一切事、一切人，如此，就能够在世事面前如流水一样，可方可圆，顺其自然，过幸福的人生。

·第二节·

# 把苦难当作人生最珍贵的财富

## 永不绝望

只有永不绝望，我们才能用忍耐去等待机遇、寻找机遇、创造机遇，才能走出“山重水复疑无路”的迷茫，豁然于“柳暗花明又一村”的境界。

美国著名的残疾运动员麦吉有着不幸的遭遇。

22岁时，麦吉风华正茂，刚从著名的耶鲁大学戏剧学院毕业。10月的一个晚上，一辆18吨重的车从第五大道第34街驶出来时把他撞晕在地，当他醒来时发现自己躺在病房里，左小腿已经切去。

麦吉没有放弃，其后8年，麦吉全力以赴，要把自己锻炼成全世界最优秀的独腿人。

失去左腿后不到一年，他开始练习跑步，不久便常去参加10公里赛跑。随后又参加纽约马拉松赛和波士顿马拉松赛，成绩打破了伤残人士的纪录，成为全世界跑得最快的独腿长跑运动员。

接着他进军三项全能。那是一项非常艰难的运动，要游3.85公里、骑脚踏车180公里、跑42公里的马拉松。这对只有一条腿的麦吉来说，无疑是一个巨大的挑战。

但不幸又一次降临。1993 年 6 月的一个下午，麦吉在南加州的三项全能运动比赛中，骑着脚踏车以时速 56 公里疾驰，带领一大群选手穿过米申别荷镇，群众夹道欢呼。突然间，麦吉听到群众尖叫声。他扭过头，只见一辆黑色小货车朝他直冲过来。

当时，比赛场地周围马路已几乎全部封锁，几个并未封锁的一字路口也有警察把守，没人知道是什么缘故，让这辆小货车闯了进来。

麦吉对于这次经历记得一清二楚。他记得群众尖叫，记得自己的身体飞越马路，一头撞在电灯柱上，颈椎"啪"地折断。他还记得自己被抬上救护车，随后他昏了过去。

麦吉接受紧急脊椎手术后醒来时，发现自己躺在重伤病房，一动也不能动。他清楚记得周围的护士个个都流着眼泪，一再说："我们很难过。"

麦吉四肢瘫痪了，那时才 30 岁。

麦吉的四肢都因颈椎折断而失去功能，但仍保存少量神经活动，使他能稍微动一动：手臂能抬起一点点，坐在轮椅上身子可以前倾，双手能做一些简单动作，双腿有时能抬起两三厘米。

麦吉知道四肢尚有感觉时，有点激动。因为这意味着他有了独立生活的可能，无须 24 小时受人照顾。经过艰苦锻炼，自认为"很幸运"的麦吉渐渐进步到能自己洗澡、穿衣服、吃饭甚至开经过特别改装的车子。医生对此都大感惊奇。

医院对脊椎重伤病人的治疗，好似施行酷刑。他们先给麦吉装上头环：那是一个钢环，直接用螺钉装在颅骨上，然后把头环的金属撑条连接到夹在麦吉身体两侧的金属板上，以固定麦吉的脊椎。安装头环时只能局部麻醉，医生将螺钉拧进麦吉的前额时，麦吉痛得惨叫。

护士常来给麦吉抽血，把导管插入膀胱，或者把头环的螺钉拧牢。每次有人碰到他，他都痛得尖叫。他觉得自己没有自我，没有过去，

没有将来，也没有希望。

两个月后，头环拆掉，麦吉被转送到科罗拉多州一家复健中心。在他住的那层楼里，住的全是最近才四肢或下身瘫痪的病人。他发觉原来有那么多人和他命运相同。眼前的处境也并不陌生，伤残、疼痛、失去活动能力、复健、耐心锻炼——所有这些他都经历过。

于是，他过去顽强不屈、永不向命运低头的精神又回来了。他对自己说：“你是过来人，知道该怎样做。你要拼命锻炼，不气馁，不怕苦，一定要离开这鬼地方。”

接下来的几个月，麦吉再度变得斗志昂扬，复健速度之快，出乎所有人预料。

脖子折断之后仅仅 6 个月，他便重返社会，再开始独立生活。又大约 6 个月之后，他在一次三项全能运动员大会上，以《坚忍不拔和人类精神力量》为题，发表了一篇激动人心的演说。事后人人都围着他，称赞他勇敢。“麦吉真行！”大家异口同声地说。

可是不管怎样努力，有些事实始终无法改变：手臂永远不可能再抬到高过头顶，而且他永远不能再走路了。

1996 年，麦吉获得 380 万美元赔偿金，决定迁居夏威夷。当时他对朋友说，去那里是为了写回忆录。其实，完全是为了逃避。麦吉有个不想让任何人知道的秘密：他染上了毒瘾。他脖子折断之后两年左右，认识了一个女人，那女人递给他一些可卡因，同情地说：“试试这个吧。你苦够了，没人会怪你这么做。”

麦吉心想：“对啊，没人会怪。”

一天凌晨，麦吉吸毒之后，转着轮椅来到一条寂静公路的中央。那是阿里道，他曾在这条公路上跑过马拉松。

麦吉曾在阿里道赢得辉煌胜利，而这时却在道上思量去哪里再弄些可卡因。他知道该下决定了：要死还是要活？“我才 33 岁，不想离开这个世界，”他想，“当然我也不想四肢瘫痪，但既然无法改变这事实，只好这样好好活下去。”

他不知道下一步该怎样做，但有一点很清楚：要是继续沉沦，一定完蛋了。于是，他试着从另一角度看自己的问题：“也许我的遭遇并非坏事，而是上天给我的美妙赏赐，令我有机会真正了解自己。”

从此，他彻底改变了。

现在麦吉住在新墨西哥州圣菲市，他在撰写论文，主题是神话史上的伤残男性。他正在加州圣芭芭拉市帕西非卡克研究所攻读神学博士学位。

日本松下集团总裁松下幸之助曾经说过：“人的一生，或多或少，总是难免有沉浮，不会永远痛苦潦倒，也不会永远如旭日东升。反复地一沉一浮，对每一个人来说，都是一次磨炼。所以，沉在底下的，用不着悲观；浮在上面的，更不必骄傲。我们必须以率真、谦虚的态度，乐观进取，向前迈进。”

艾柯卡靠自己的奋斗终于当上了福特公司的总经理。1978 年 7 月 13 日，有点得意忘形的艾柯卡被大老板亨利·福特开除了。

在福特公司工作已经 32 年，当了 8 年经理，一帆风顺的艾柯卡突然间失业了。艾柯卡痛不欲生，他开始喝酒，仿佛对自己失去了信心，认为自己要彻底崩溃了。

就在这时，艾柯卡接受了一个新的挑战——应聘到濒临破产的克莱斯勒汽车公司出任总经理。

凭着他的智慧和胆识，艾柯卡大刀阔斧地对克莱斯勒进行了整顿、改革，并向政府求援，舌战国会议员，取得巨额贷款，重振企业雄风。

在艾柯卡的领导下，克莱斯勒公司在最黑暗的日子里推出了 K 型车的计划，此计划的成功令克莱斯勒起死回生，使公司成为仅次于通用汽车公司、福特汽车公司的美国第三大汽车公司。

1983年7月13日，艾柯卡把面额高达8.13亿美元的支票交到银行代表手里，至此，克莱斯勒还清了所有的债务，而恰恰是5年前的这一天，亨利·福特开除了他。

事后艾柯卡深有感触地说："奋力向前，哪怕时运不济；永不绝望，哪怕天崩地裂。"

罗曼·罗兰曾经说过："痛苦像一把犁，它一面犁碎了你的心，一面掘开了生命的起点。"要想让自己成为一个有所作为的人，就要有永不绝望的信念，人总是在挫折中学习，在苦难中成长，让我们记住这句话：雄鹰的展翅高飞，是离不开最初的跌跌撞撞的。

每一个人都有自己人生的最高理想。但是，只有少数的人成功地步入自己的理想领域。由此可见，大多数人缺少的便是这种永不绝望的信念。我们必须承认，生活中的挫折有时的确令人胆战心惊。但可以这样说，重大的挫折压倒的，只是人的躯壳，而它万万压不倒人们"永不绝望"的信念。

那么，你可以尝试着这样做：把先前遇到的所有挫折、失败全当过眼烟云，不必在意，也许下一步你会走得更轻松、更舒坦。当挫折临近时，可自如地展望前方，心中默念："永不绝望。"如果你将这四个字，作为你的座右铭，成功定会接踵而至。

朋友，请你始终坚信，一切的希望都在向你招手，所有的成功都在向你迈进，我们的人生永不绝望！

## 每天给自己一个希望

茫茫人海中，人们总想寻觅一份永恒的快乐与幸福。但是，生活并非我们想象的那样一帆风顺，而是常常伴随狂风暴雨、急流险滩，使我们陷入极度的痛苦与失望之中。这时，失望就像一只罪恶的手撕扯着我们，企图把我们拉向无底的深渊。在这濒临“万劫不复”的时候，希望就成了我们心中温暖而灿烂的太阳。

有一位医生，素以医术高明著称，在他事业达到巅峰时，他发现自己得了咽喉癌——那正是他最了解的一种病，也是他多年致力研究的方向。

和任何人一样，这位医生经历了震惊、恐惧、不甘心以及别人没有的愤怒。

基于丰富的经验，他很快就知道了自己的生命期限：六个月到一年。

经过一番深思，冷静地自我探索后，他决定接受这个残酷的事实，但是，他要在有生之年，在有限的时间里，好好地、快乐地、认真地体验生命，放下以往担在肩上的许多压力，以一种全新的眼光，去看这个世界，用爱心去关怀周围的每一个人、每一件事，以期使自己的生命能更充盈、更丰富、更有意义。

抱着这样一种新的认知后，他整个心态都有了转变，他变得谦和、宽容，懂得珍惜，对身边的一花一草，都怀着一分温柔；对身边的朋友、家人甚至对陌生人，也都笑颜相对；早上外出运动，他亲切地和别人打招呼问好；在医院看病，他比以前更亲切、更关心病人。

在日常生活中，他开始注意家里的盆栽，每天浇水、剪枝，看那些植物欣欣向荣地成长，带给他很大的启示与希望。

他忽然发现，生命原可以这样丰富，而生活竟是以如此小的代价便获得如此多的快乐。

日子一天天过去，他怀着感恩的心，期待着每一个全新的希望。

半年过去了，一年也过去了，如今，他已经平安地度过第六个年头。没有人知道他还能活多久，包括他自己，然而，他已经不害怕、不担忧。

有人问他是什么神奇的动力在支撑他，这位大夫坚定地说："是希望！我每天给自己一个希望，希望看到一片新叶冒出嫩芽，希望我的病人今天好一点，希望早上运动时见到那些朋友……就是这些希望，促使我每天都觉得自己很重要，必须打起精神来过这一天……"

是的，希望是催促人们向前的最大动力，也是生命存在的最主要激发素。只要活着，就有希望，相对的，只要抱有希望，生命便不会枯竭。希望，不一定是多么伟大的目标，它可以缩小到平淡生活中的一些小期待、小快乐、小满足、小盼望。譬如明天会出去购物，后天要去看一场比赛；下星期约了老朋友喝茶，下个月即将有一小笔奖金……虽然在别人眼里，或许这些都是微不足道的细琐小事，但是，对有的人而言，却能带来一些乐趣，也是值得期待的，这些就都是喜悦的希望。

在这个世界上，有许多事情是我们难以预料的。我们不能控制际遇，却可以掌握自己；我们无法预知未来，却可以把握现在；我们左右不了变化无常的天气，却可以调整自己的心情；我们不知道自己的生命到底有多长，但我们却可以安排当下的生活。只要活着，就有希望，只要每天给自己一个希望，我们的人生就一定不会黯然失色。

每天给自己一个希望，就是给自己一个目标，给自己一点信心。希望是引爆生命潜能的导火索，是激发生命激情的催化剂。每天给自己一个希望，我们将活得生机勃勃，激昂澎湃，哪里还有时间去叹息去悲哀，将生命浪费在一些无聊的小事上。生命是有限的，但希望是无限的，只要我们不忘每天给自己一个希望，我们就一定能够拥有一个丰富多彩的人生。

每天给自己一个希望，哪怕这个世界小得不能再小，只要我们有信心有恒心去追求它去实现它，我们就不但会得到收获的快乐，而且会让人生不断地丰盈。

每天给自己一个希望，就是每天给自己一个目标，给自己一分信心，给自己一点激发生命激情的催化剂，给自己人生一个美好的支撑点。这个希望告诉我们：你今天会生活得很愉快，你的工作会做得很出色，你想念的人会与你团聚或者给你一个电话，你的亲人今天会更平安、更快乐、更健康，你的孩子学习成绩会更优秀，你面前的困难只是暂时的……

每天给自己一个希望，试着不为明天而烦恼，不为昨天而叹息，只为今天更美好；试着用希望迎接朝霞，用笑声送走余晖，用快乐涂满每个夜晚。那么，我们的每一天将生活得更充实，我们的每一天也将活得更潇洒。

生命是有限的，希望是无限的。生命是可贵的，生活是美好的。只要我们不忘每天给自己一个希望，我们就一定能够拥有一个丰富多彩的人生，也一定能活出一个精彩的自我！

## 成功的路上布满荆棘

任何通向成功的道路都布满了荆棘，充满了数不清的辛酸与煎熬，艰难与困苦。可以这么说，所有成功者在获得成功之前都是失败专家。在奋斗的征程上，有的人只走了几步便回头了，成为一个哀怨忧愤的小人物，湮没在茫茫人海中；有的人走得稍远一点，但是也没有坚持下来，因为多次的失败令他焦头烂额，心力交瘁，于是打了退堂鼓；有的人走得更远一些，他甚至走到了离成功只差很小一步的地方，而此时必定是他人生中最黑暗的时刻。

英国小说家、剧作家柯鲁德·史密斯曾经这样说："对于我们来说，最大的荣幸就是每个人都失败过，而且每当我们跌倒时都能爬起来！"正是因为不断地经受磨难，人才能变得更加坚强。

痛苦、失败和挫折是人生必须经历的阶段。受挫一次，对生活的理解加深一层；失误一次，对人生的领悟便增添一层；磨难一次，对成功的内涵便透彻一层。从这个意义上说：想获得成功和幸福，想过得快乐和充实，首先就得真正领悟失败、挫折和痛苦。

追求成功的过程一定充满挫折与失败。你不打败它们，它们就会打败你。任何人在到达成功之前，没有不遭遇失败的。每一个成功的故事背后都有无数失败的故事。

玛格丽特·米切尔靠写作为生。最初，没有一家出版社愿意为她出版书稿，她曾收到过各个出版社的1000多封退稿信，许多日子她不得不为了生计而四处奔波，但是，玛格丽特·米切尔并没有退缩。她说："尽管那个时期我很苦闷，也曾想过放弃，但是，我经常对自己说：'为什么他们不出版我的作品呢？一定是我的作品不够好，所以我一定要写出更好的作品。'"经过多年的努力，《乱世佳人》终于问世了，一次次的退稿成了写作经验的积累，那些退稿信成了通往成功之路的坚实的阶梯。

正如大剧作家兼哲学家萧伯纳所说的那样："成功是经过许多次的大错之后才得到的。"正是一次次的失败，一次次的不气馁，使《乱世佳人》风靡全球。成功之路并非一帆风顺，有暴雨，有彩虹，只要把失败当作进步的台阶，以积极的心态去面对，就不会被困难打倒。其实，失败也是一种美丽。

在从事一系列艰苦的实验期间，爱迪生告诉一位气馁的同事说："我们并没有失败，现在已经晓得有1000种方法是行不通的，有了这些经验，便容易找到行得通的方法。"爱迪生发明电灯时，共做了

14000 次以上的实验。他发现许多物质不能使用，但他没有退缩，直到发现了一种可行的方法为止。

一位年轻记者采访时问他："爱迪生先生，你目前的发明曾失败过 10000 多次，你对此有何感想?"爱迪生回答说："年轻人，因为你人生的旅程才起步，所以我告诉你一个对你未来很有帮助的启示。我并没有失败过 10000 多次，只是发现了 10000 多种不可行的方法。"

无论是玛格丽特还是爱迪生，在失意的时候，不是轻易放弃，而是继续摸索着前行，他们懂得在这个世界上，只要自己不放弃希望，就会有成功的机会。

在漫长的人生旅途中，我们不断地在失败中看到自己的不足，不断地调整方向，改变策略，直到前面露出希望的曙光。把一次次的失败看成是重新开始的机会，把失败当作一条寻找通向成功的台阶，把沿途的所见所闻当作特别的风景来欣赏，这该是多么美丽的事情啊！

所以，接受失败，正确对待失败，危机就能成为转机，总会有云开雾散的一天。失误其实也是一种特殊的教育、一种宝贵的经验，换个角度去面对它，可能会有意想不到的收获。

失败和挫折其实本来就是人生不可或缺的一部分。迈向成功的转折点，通常是由失败或挫折所决定的。人的一生不可能一帆风顺，挫折失败，是人生中必然的过程与代价。只有经过挫折的考验，才能展翅高飞，走向成功。

## 懂得欣赏路边的美景

人生就像是一次旅行。人们总是忙于奔赴目的地，却往往忽略了路边的风景。

王强去出差，火车拥挤。他站在车厢里，心想：两个小时的路程，中途将有人陆续下车，或许可以抢个位置。

王强与一位老者并肩站在窗边，不时感受到来自多方的压力。人的确太多了，有个座位就好了。

于是，王强问邻座的男子："你在哪里下车？"他说："下一站。"王强非常高兴，于是时刻准备着抢座位。

30分钟后，火车到站了。很多人下车。王强刚要坐下，一位壮汉迅速抽身，一个箭步冲了过来，抢得座位。

王强郁闷死了，恼火地瞪着他，但又无可奈何，只好继续站着。

一会儿，王强在嘈杂中听见一声叹息，是那位老者发出的。他依然凝神窗外，嘴角露出笑意。顺着他的眼光望去，是一条河，波光粼粼，河上有点点小帆。

"窗外的景色很美啊！"老者说。

王强随口敷衍："是啊。"

老者说："那田地，那河流，那山脉，美不胜收啊。"

王强吃吃笑了。老者不解地看着他问："不是吗？"王强连忙回答："是的，是的。"老者似乎明白了什么："笑我迂腐吧！"

老者沉默片刻，忽然非常亲切地拍拍王强的肩膀："年轻人，大家都在抢座位，却没人留心窗外的风景，真的很遗憾。这段路，就非得坐过去吗？就不能一路欣赏着站过去吗？"

王强听了，内心有些触动。

老者接着说："我年轻时，为了眼前的东西，错过了很多更大、更美的机会；现在，我不再关心这些，只想多看看远处的风景。"

王强被震动了，默默地欣赏起路边的风景……

人生的旅程就像是坐火车，都是一个目的地，从一个起点到终点，但有的人聊天，有的人睡觉，有的人玩扑克，有的人埋头看书，有的人欣赏沿途的风光，到达终点站，每个人却收获不同，有的人说太闷了，有的说太辛苦了，有的人说路上的风光很美。不难看出，收获最多，心情最愉快的还是沿途欣赏风光的那些人。

人生苦短，我们为什么要一生忙于赶路，而错过人生路途中的美景呢？很多时候，我们都会因为时间紧迫而匆匆赶路，或者因为目的地有着这样那样的等待而自顾往前，我们不曾留意路边的风景，也不愿过多的停留。但当有一天也许只是公车过站或者提早下车，偶然间你发现原来路边的风景这么美，甚至比你要寻找的桃花源更精致。

随着社会的不断变化，人们越来越没有时间去寻求生命中的惊奇和美丽了，他们只在乎地位、金钱和权力。许多人为了不落人后，已经花去了自己大部分时间与精力，很遗憾，他们已经没有什么闲情逸致来看路边的风景了，他们只是忙着赶赴目的地。等到他们到达目的地时，却发现最美好的东西，已经被自己错过了。

生活中，美丽的风景随时都在身边存在着，有的人收获的是路边的美景，有的人收获的是目的地的美景。人生就是一场旅行，许多人看重目的地的风景，许多人看重行进过程中路边的风景。对这两种态度，谁也不能判定孰是孰非，就像任何人都不能判定刘邦和项羽谁更是英雄。试着一路走走停停吧，这样你可以不错过路边的风景！也许过程比结果更重要！

## 把苦难当作人生最珍贵的财富

每个人的人生中都充满了苦难。人是从苦难中成长起来的，唯有乐观奋斗，才能得到人生中最珍贵的财富。

澳门大富豪何鸿燊年幼时突然家道中落，何鸿燊无法接受但又不得不面对这冷酷的现实。想当初，衣食无忧，进出都有仆人侍候。现在父亲、哥哥流亡南洋，家居陋室，没有当家人，仿佛天都塌了。这一切都压在母亲柔弱的肩上，母亲和姐姐常为柴米油盐的事小声嘀咕，一家人忧柴忧米、忧穿忧用，这种情绪也传染给了年纪最小的何鸿燊，他常常担忧老鼠偷米，第二天没有米下锅，上不成学。

晚上睡在硬板床上，望着母亲忧郁的神色、简陋的家居用具，脑海里就浮现出富丽堂皇的洋房、餐桌上的美味佳肴、成群的奴仆。他那时还傻想，如果父亲和哥哥回来，就会把荣华富贵带回来。何鸿燊最不堪忍受的，是原来那些亲戚见何家财大势大，见了何家人总是低眉顺眼、恭恭敬敬。现在他们对何鸿燊一家避而远之，见到何鸿燊还摆架子，甚至百般嘲弄。

有这样一件事情：一次，何鸿燊牙齿蛀烂，需要补牙。正好他家一个亲戚是牙医，过去一直走动，每次来何家都要逗何鸿燊开心。何鸿燊就去他的牙科诊所，做牙齿的亲戚正闲着，跷着二郎腿坐在旋转椅上，没有起身，爱理不理的。

“你来这里做什么？”“我的牙坏了，想补牙。”“那你身上有钱吗？”“没有钱。”牙医亲戚笑起来。何鸿燊不懂世事，不知他为什么问这些。以前何鸿燊来他诊所玩，他主动给何鸿燊检查牙齿，还说了许多保护牙齿的知识，从来没有提过钱的事。何鸿燊正纳闷，牙医亲戚怪声怪气地说道：“没有钱，走吧，补什么牙？干脆把牙齿全部拔掉算了。”何鸿燊瞠目结舌，想不到亲戚会变成这个样子。何鸿燊不禁泪如泉涌，扭头就走。回到家里，向母亲哭诉。母亲也伤心地流泪，母子抱头痛哭。这件事给何鸿燊的刺激非常大，使他从富家子弟的旧梦中彻底清醒过来。多年以后，成为巨富的何鸿燊回忆这件辛酸的往事时，仍恨得咬牙切齿："想不到人穷，亲戚便如此势利。"

经过家境变故后，何鸿燊一家人都感觉到人情冷暖，母亲更是终日以泪洗面。何鸿燊于是下决心要争一口气！父亲破产之前，何鸿燊在香港名校——皇仁书院读书。他是出名的公子哥，淘气的把戏没人比得过他，读书就大为逊色，学业太差，被分在差生班D班。过去家中富有，成绩再差也可以读下去。现在家里朝不保夕，仅靠母亲打工赚取微薄的生活费，哪里还有余钱为儿子交学费。

一天，母亲把何鸿燊叫在跟前，郑重其事地指出两条路供他选择：一是退学，帮家里赚钱；二是靠拿好成绩获取奖学金，否则，家里无法保证昂贵的学费。何鸿燊不禁想起做牙医的亲戚，想起了家庭变故，便选择了第二条路。家穷促使他早熟，他明白穷人只有靠读书方可出头。何鸿燊发奋苦读，到学期末，成绩居D班第一，这个成绩，在A班也能排中上水平。何鸿燊如愿以偿获得了奖学金，开创了皇仁书院D班获奖学金的纪录。以后，何鸿燊年年都获得奖学金。

如果将幸福、欢乐比作太阳，那么，不幸、失败和挫折就可以比作月亮，人不可能只企求永远在阳光下生活。法国作家巴尔扎克说过："苦难对于天才是一块垫脚石，对能干的人是一笔财富，对弱者是一个万丈深渊。"

所以，丘吉尔在自传中就写道："苦难，是财富还是屈辱？当你战胜了苦难时，它就是你的财富；可当苦难战胜了你时，它就是你的屈辱。"

人的一生不可能不经历苦难，但我们可以从中得到最珍贵的财富。辩证地认识苦难，扼住命运的喉咙，扬起生活的风帆，把握苦难后的财富，让苦难塑造出一个坚强的自我。

在漫长的人生旅途中，苦难并不可怕，受挫折也无须忧伤。只要心中的信念没有萎缩，你的人生旅途就不会中断。所以，你要微笑着面对生活，不要抱怨生活给了你太多的苦难，不要抱怨生活中有太多的曲折，更不要抱怨生活中存在的不公。当你走过世间的繁华，阅尽世事，你会幡然醒悟：把苦难当作人生中最珍贵的财富，再苦也要笑一笑！

## 从现在起，感谢折磨你的人吧

对于生活中的各种折磨，我们应时时心存感激。只有这样，我们才会常常有一种幸福的感觉，纷繁芜杂的世界才会变得鲜活、温馨和动人。一朵美丽的花，如果你不能以一种美好的心情去欣赏它，它在你的心中和眼里也就永远娇艳妩媚不起来，而如同你的心情一般灰暗和没有生机。只有心存感激，我们才会把折磨放在背后，珍视他人的爱心，才会享受生活的美好，才会发现世界原本有很多温情。心存感激，是一种人格的升华，是一种美好的人性。只有心存感激，我们才会热爱生活，珍惜生命，以平和的心态去努力地工作与学习，使自己成为一个有益于社会的人。心存感激，我们的生活就会洋溢着更多的欢笑和阳光，世界在我们眼里就会更加美丽动人。从今天开始，感谢折磨你的人吧！正如网上流传的一首诗写的那样：

当我们拿花送给别人时，
首先闻到花香的是我们自己。
当我们抓起泥巴想抛向别人时，
首先弄脏的是我们自己的手。

一句温暖的话，
就像往别人的身上洒香水，

自己也会沾到两三滴，
因此，要时时心存好意，
脚走好路、身行好事、惜缘种福。

很多的时候，
我们需要给自己的生命留下一点空隙，
就像两车之间的安全距离，
一点缓行的余地，
可以随时调整自己，进退有秩，
生活的空间，需要清理挪减而留出，
心灵的空间，则经思考领悟而拓展。

打桥牌时要把我们手中所握有的这副牌，
不论好坏，都要把它打到淋漓尽致。
人生亦然，重要的不是发生了什么事，
而是我们处理它的方法和态度。

假如我们转身面向阳光，就不可能陷身在阴影里。
光明使我们看见许多东西，
也使我们看不见许多东西，
假如没有黑夜，
我们便看不到天上闪亮的星辰。

因此，即便是曾经一度使我们难以承受的痛苦磨难，
也不会是完全没有价值，
它可以使我们的意志更坚定，
思想人格更成熟。

因此，当困难与挫折到来，
应平静而对，乐观地处理，

不要在人我是非中彼此摩擦。

有些话语称起来不重，
但稍一不慎，
便会重重地坠到别人心上，
同时，也要训练自己，
不要轻易被别人的话扎伤、变心。

你不能决定生命的长度，但你可以控制它的宽度，
你不能左右天气，但你可以改变心情，
你不能改变容貌，但你可以展现笑容，
你不能控制他人，但你可以掌握自己，
你不能预知明天，但你可以利用今天，
你不能样样胜利，但你可以事事尽力。

凡事感激，感激伤害你的人，因为他磨炼了你的心志，
感谢欺骗你的人，因为他增进了你的智慧，
感谢中伤你的人，因为他砥砺了你的人格，
感谢鞭打你的人，因为他激发了你的斗志，
感谢遗弃你的人，因为他教导你该独立，
感谢绊倒你的人，因为他强化了你的双腿，
感谢斥责你的人，因为他提醒了你的缺点，
凡事感谢，学会感谢，感谢一切使你成长的人！

·第三节·

# 用坦然迎接不幸

## 用坦然迎接不幸

俗话说："水无常形，兵无常势。"人生的失败、挫折也是这样，最重要的是你如何坦然面对它们。

在过去的岁月里，对你而言，或许是页页创痛的伤心史，在检阅过去的一切时，你也许会觉得你处处失败，一事无成。你热烈地期待着成功的事业却不能如愿，连你最近的亲戚朋友，甚至也要离弃你！你的前途，似乎是十分惨淡和黑暗！但是，虽有上述种种不幸，只要你不甘心永远屈服，胜利就会向你招手。

人的一生不可能一帆风顺，遇到挫折和困难是难免的，你不可能一直处于顺境，一直处于辉煌，当你人生走到了"山"的顶峰必然会走下坡路，但要如何做到坦然面对、心态放平稳，对于我们才是最重要的。

在20世纪60年代初期，美国化妆品行业的"皇后"玛丽·凯把她一辈子积蓄下来的5000美元作为全部资本，创办了玛丽·凯化妆品公司。

为了支持母亲实现“狂热”的理想，两个儿子也“跳往助之”，辞去了较好的工作，加入到母亲创办的公司中来，宁愿只拿250美元的月薪。玛丽·凯知道，这是背水一战，是在进行一次人生中的大冒险，弄不好，不仅自己一辈子辛辛苦苦的积蓄将血本无归，而且还可能葬送两个儿子的美好前程。

在创建公司后的第一次展销会上，她隆重推出了一系列功效奇特的护肤品，按照原来的计划，这次活动会引起轰动，一举成功。但是，“人算不如天算”，整个展销会下来，她的公司只卖出去15美元的护肤品。

在残酷的事实面前，玛丽·凯不禁失声痛哭，而在哭过之后，她反复地问自己：“玛丽·凯，你究竟错在哪里？”

经过认真的分析，她及时调整了自己的不良心态，坦然地接受了这一切。最后终于悟出了一点：在展销会上，她的公司从来没有主动请别人来订货，也没有向外发订单，而是希望人们自己上门来买东西……难怪在展销会上落到如此的后果。

于是她从第一次失败中站了起来。如今，玛丽·凯化妆品公司发展到现在已经成为一个国际性的公司，拥有一支20万人的推销队伍，年销售额超过3亿美元。

已经步入晚年的玛丽·凯能创造如此奇迹，并不是上天的怜悯，而是她面对挫折时，坦然地接受了这一切，悟出一个好的想法并着手开始自己的行动，最后获得了巨大的成功。

要善于检验你人格的伟大力量，你应该常常扪心自问，在除了自己的生命以外，一切都已丧失了以后，在你的生命中还剩余什么？即在遭受失败以后，你还有多大勇气？如果你在失败之后，从此一蹶不振，放手不干而自甘永久屈服，那么别人就可以断定，你根本算不上什么人物；但如果你能雄心不减、大步向前，不失望、不放弃，那么别人就可以断定，你的人格之高、勇气之大，是可以超过你的损失、灾祸与失败的。

无论你做了多少准备，有一点是不容置疑的：当你进行新的尝试时，你可能犯错误，无论你是作家，还是企业家，或者是运动员，只要不断对自己提出更高的要求，都难免失败。但失败并不是你的错，重要的是要从中吸取教训。

古人云："前事不忘，后事之师。"在克服挫败方面，我们的祖先已经给我们做出了太多的榜样。在社会竞争激烈的今天，挫折无处不在，若一时受挫而放大痛苦，将会终身遗憾。遭遇挫折，就当痛苦是你眼中的一粒尘埃，眨一眨眼，流一滴泪，就足以将它淹没；遭遇挫折就当它是一阵清风，让它在你耳旁轻轻吹过；遭遇挫折，就当它是一阵微不足道的小浪，不要让它在你心中激起惊涛骇浪；遭遇挫折，不要放大痛苦，擦一擦身上的汗，拭一拭眼中的泪，继续前进吧！

## 人生本无坦途

路如蛛网。

老人端坐蛛网中央。

远远地，一个黑点在网上移动。

渐渐地，近了，近了，老人看清，那是一个魁伟英俊、朝气勃勃的年轻人。年轻人着一身牛仔服，穿一双登山鞋，背一个旅行包，拄一根铁拐杖，正急急地向老人靠近。

年轻人来到老人面前，深深地鞠了一躬。

“老大爷，我要到山那边去，该走哪条路？”

老人缓缓地抬起右手，伸出三个指头，反问道：“左、中、右三条路，你想走哪一条？”

年轻人踌躇了一会儿，说：“左边。”

“左边的路坎坷不平！”

老人说完，闭上了眼睛。

年轻人二话没说，拄着拐杖，走了。

不知过了多久，年轻人又来到老人面前。

“老大爷，我必须到山那边去，但怎么也走不出那些坎坷，您老人家能告诉我出山的路吗？”

老人又缓缓地抬起右手，伸出三个指头：“左、中、右，你想走哪条路？”

“右边的。”年轻人声音很轻，似乎不好意思。

“右边的路，布满荆棘！”

老人说完，又闭上了眼睛。

年轻人呆呆地望了老人一会儿，拄着拐杖，一步一步地走了。

不知过了多久，年轻人再次来到老人面前。他放下背包，席地而坐，喘了几口粗气，才说：“老大爷，我一定要到山那边去，但走来走去，总是在原地打转，走不出迷惑的荆棘，您老人家能帮帮忙，告诉我出山的路吗？”

老人还是缓缓地抬起右手，伸出三个指头：“左、中、右，你想走哪一条路？”

“我想走一条平坦的路！”年轻人毫不犹豫地回答，脸上掠过一丝笑容。

“平坦的路是没有的啊！”老人说完，眼光却似乎充满了鼓励。

年轻人用沉思的眼光扫了老人一眼，似乎明白了老人的用意，背起背包，拄着拐杖，一步一步，坚定地向前走去。

人生本无坦途，在漫长的道路上，谁都难免遇上厄运和不幸。但生活的脚步不论是沉重，还是轻盈，我们从中不仅要品尝失败的痛苦，同时也应该学会享受收获与快乐。只要我们善于总结跌倒的教训，在哪里跌倒在哪里爬起来，告别迷惘的昨天，珍惜美好的今天，微笑着面对明天，充满信心展望更加灿烂的后天。不管是从辉煌成功中走出，还是在失败中奋起，漫漫人生路，踏平坎坷成大道，才是我们不懈的追求。

人生本无坦途，太顺利了未必就是一件好事，人的一生，既要享受生活带给你的幸福，也要能承受生活带给你的磨难。生活是一把双刃剑，穷有穷的开心，富也有富的烦恼。重要的是你的心态，心态不好你的快乐就会很少，心态好了快乐就会随时在你身边。

在通向成功的人生道路上布满了荆棘，充满数不清的艰难、困苦、辛酸与煎熬。人世间的风风雨雨，就是这个世界赐予我们的智慧，一个人越是经风雨见世面，他的阅历就越广，阅历越广，大脑开发的程度就越高，大脑的开发程度越高，拥有的智慧就越多。

踏平坎坷是坦途，一个人一生中的坎坷，不是苦难，而是财富。每一个挫折与失败，都是一次痛苦的记忆和教训，但也是灯塔、航标，是未来人生路上的指南针。

## 乐观地面对一切

人的一生，就像是一次旅行，沿途中既有数不尽的坎坷泥泞，也有看不完的风景。我们既能享受阳光、希望、快乐、幸福……也要面

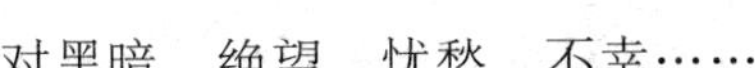

对黑暗、绝望、忧愁、不幸……

在面对人生的美丽时，我们都能微笑迎接，可是当我们面对人生那些不可避免的哀愁时，我们会有什么样的反应呢？

古希腊有一个大政治家叫狄摩西尼。天生的不幸，他的齿唇上留有缺陷，说话含糊不清，很难与人沟通、交流，这令他非常苦恼。为了纠正自己的这个毛病，狄摩西尼找来一块小鹅卵石含在嘴里练习说话。有时跑到海边，有时跑到山上，尽量放开喉咙背诵诗文，练习一口气念几个句子。长时间的练习，石子磨破了他的牙龈，每次都弄得满嘴是血。血染红了他嘴里的那块石头。但这些困难并没有使他放弃练习，一直到口齿流利，能侃侃而谈为止。

狄摩西尼的故事之所以感人，是因为他在用意志与躯体抗争，用美好的愿望与不幸的缺陷抗争……

其实，这更像是在拔河，是在心里拔河。有时候，我们的心中时常会萌生出一些美好的愿望，并按照这美丽的线索，去寻找自己生命的春天。但是自身的缺陷、懒惰、怯懦等原因束缚着愿望远行的脚步。为此，双方总要在内心深处较量一番。而较量的结果大概只有这样两种：一种是行动伴着愿望一起走，一种是美好的愿望枯萎在束缚的泥潭里。

有两个姑娘，她们一个叫珍妮，是美国人；另一个叫南希，是英国人。她们聪明、美丽，但都有残疾。

珍妮出生时两腿没有腓骨。一岁时，她的父母做出了充满勇气但备受争议的决定：截去珍妮的膝盖以下部位。珍妮一直在父母怀抱和轮椅中生活。后来，她装上了假肢，凭着惊人的毅力，她现在能跑、能跳舞和滑冰。她经常在女子学校和残疾人会议上演讲，还做模特，频频成为时装杂志的封面女郎。

与珍妮不同的是，南希并非天生残疾。她曾参加英国《每日镜报》

的“梦幻女郎”选美，一举夺冠。1990年她赴南斯拉夫旅游，决定侨居异国。当地内战期间，她帮助设立难民营，并用做模特赚来的钱设立希茜基金，帮助因战争致残的儿童和孤儿。1993年8月，在伦敦她不幸被一辆警车撞倒，造成肋骨断裂，还失去了左腿。但她没有被这一生活的不幸击垮。她很快就从痛苦中恢复过来，康复后她比以前更加积极地奔走于车臣、柬埔寨，像戴安娜王妃一样呼吁禁雷，为残疾人争取权益。

也许是一种缘分，珍妮和南希在一次会见国际著名假肢专家时相识。她们一见如故，现在情同姐妹。

虽然肢体不全，但她们都不觉得这是多么了不得的人生憾事，反而觉得这种奇特的人生体验，给了她们更加坚忍的意志和生命力。她们现在使用着假肢，行动自如。只有在坐飞机经过海关检测，金属腿引发警报器铃声大作时，才会显出两位大美人的腿与众不同。

只要不掀开遮盖着膝盖的裙子，几乎没有人能看出两位美女套假肢。她们常受到人们的赞叹：“你的腿形长得真美，看这曲线，看这脚踝，看这脚趾涂得多鲜红！”

珍妮说：“我虽然截去双腿，但我和世界上任何女性没有什么不同。我喜欢打扮，希望自己更有女人味。”

这对姐妹几乎忘了自己有残疾。她们没有时间去自怨自艾，人生在她们眼里仍然是美好的，她们在人们眼中也是美好的。也有异性在追求她们，她们和别的肢体健全的姑娘一样，也有着自己的爱情。

乐观地面对生命的一切，永远积极地生活，这就是珍妮与南希的做事原则和人生态度。

虽然，每个人的人生际遇各不相同，而且命运也并不是对每一个人都很公平，但是相信上帝在关上一扇门的同时，也会为你开启一扇窗。面对窗外的大地和天空，就看你能不能高昂起你的头，用一双智慧的眼睛，透过岁月的风尘寻觅到辉煌灿烂的繁星。先不要说生活怎样对待你，而是应该问一问自己，你是怎样看待生活的？

面对人生阴暗时，如果我们的一颗心总是被忧愁、沮丧所覆盖，干涸了心泉、黯淡了目光、失去了生机、丧失了斗志，我们的人生轨迹岂能美好？而我们又岂能成就大事？

但假如我们能始终保持一种健康向上的心态，乐观地看待眼前发生的一切，那么，即使我们身处逆境、四面楚歌，也一定会有“山重水复疑无路，柳暗花明又一村”的那一天。

在人生道路上，既有阳光也有风雨，一个人要想过得精彩，就不能总把目光停留在那些消极的东西上，那只会使人沮丧自卑、徒增烦恼，让人生被生活的阴影遮蔽它本该有的光辉。

## 挫折是成功的法宝

挫折就是阶梯，挫折就是机遇，挫折就是成功的开始。这个世上的确有不少被埋没的人，但是，对于一个优秀的人来讲，不管遭遇多大的困难，他们也绝不会沮丧，纵使遭受再大的挫折，也能重新站起来，勇往直前。

汤姆在纽约开了一家玩具制造公司，另外在加利福尼亚和底特律设了两家分公司。

20世纪80年代，他瞄准了一个极具潜力的市场产品——魔方，开始生产并投放市场，市场反馈非常好。于是，汤姆决定大批量生产，两个分公司几乎所有的资金和人力都投入进来。谁知，这个时候，亚洲的市场已经由日本一家玩具生产厂家占领。等汤姆工厂生产的魔方投放亚洲市场时，市场已经饱和！再往欧洲试销，也饱和。汤姆慌了，立即决定停止生产，但已经晚了，大批的魔方堆积在仓库里。特别是两个分公司，资金几乎完全积压，又要腾出仓库来堆放新产品，汤姆的生意在底特律和加州大大受挫。汤姆无奈之下，决定从加州和底特律撤出来，只保留总部，他的财务已经无法支撑太大的架子。

这是汤姆第一次输掉了一局。

不久，汤姆的财力恢复，于是，在伊朗德黑兰市设了一个分厂，开拓起亚洲市场来。但好景不长，两伊战争再度爆发，而且持续时间特别长，汤姆的亚洲市场化为灰烬。正逢美国玩具工厂工人大罢工，汤姆处于风雨飘摇中的玩具公司立即破产，他血本无归。

汤姆又一次输了！

汤姆总结了自己失败的原因，萌发了一个庞大的计划。他向银行贷了一笔资金，再度开创一家玩具厂。经过周密计划，严谨的市场调研和销售分析，他立即决定生产脚踏车，他要在日本厂商打进欧美市场之前重拳出击。他一炮打响，美洲市场被他的产品占领，欧洲市场的产品也占有优势。两年后，因为脚踏车市场已近饱和，汤姆又决定停止生产，开发另一种产品。

这次汤姆胜了，并且赢了全局！

从这个故事中，我们不难发现：雄鹰的展翅高飞，是离不开最初的跌跌撞撞的。“不经一番寒彻骨，哪得梅花扑鼻香。”要想让自己成为一个有所作为的人，我们就要有吃苦的准备，人总是在挫折中学习，在苦难中成长。

我们每个人都会面临各种机会、各种挑战、各种挫折。成功不是一个海港，而是一个埋伏着许多危险的旅程，人生的赌注就是在这次旅程中要做个赢家，成功永远属于不怕失败的人。

每个人的一生，总会遇上挫折。相信困难总会过去，只要不消极、不坠入恶劣情绪的苦海，就不会产生偏见、误入歧途，或一时冲动破坏大局，或抑郁消沉，振作不起来。

其实在人生的道路上，谁都会遇到困难和挫折，就看你能不能战胜它，战胜了，你就是英雄，就是生活的强者。某种意义上说，挫折是锻炼意志、增强能力的好机会，不要一经挫折就放弃努力，只要你不断尝试，就随时可能成功。

如果你在挫折之后对自己的能力发生了怀疑，产生了失败情绪，就想放弃努力，那么你就已经彻底失败了。

挫折是成功的法宝，它能使人走向成熟，取得成就，但也可能破坏信心，让人丧失斗志。对于挫折，关键在于你怎么对待。

爱马森曾经说过："伟大高贵人物最明显的标志，就是他坚忍的意志，不管环境如何恶劣，他的初衷与希望不会有丝毫的改变，并将最终克服阻力达到所企望的目的。"每个人都有巨大的潜力，因此当你遇到挫折时要坚持，充分挖掘自己的潜力，才能使自己离成功越来越近。

跌倒以后，立刻站立起来，不达目的，誓不罢休，向失败夺取胜利，这是自古以来伟大人物的成功秘诀。不要惧怕挫折，挫折是成功的法宝，在一个人输得只剩下生命时，潜在心灵的力量还有多少？没有勇气、没有拼搏精神、自认挫败的人的答案是零，只有坚持不懈的人，才会在失败中崛起，奏响人生的乐章。

世界上有许多人，尽管他们失去了拥有的全部资产，但是他们并不是失败者，他们依旧有着坚忍不拔的精神，有着不可屈服的意志，凭借这种精神和意志，他们依旧能够走向成功。

温特·菲力说："失败，是走上更高地位的开始。真正的伟人，面对种种成败，从不介意；无论遇到多么大的失望，绝不失去镇静，只有他们才能获得最后的胜利。"

在漫漫旅途中，失败并不可怕，受挫折也无须忧伤。只要心中的信念没有萎缩，只要自己的季节没有严冬，即使凄风厉雨，即使大雪纷飞。艰难险阻是人生对你的另一种形式的馈赠，坑坑洼洼也是对你意志的磨炼和考验。落叶在晚春凋零，来年又是灿烂一片；黄叶在秋风中飘落，春天又将焕发出勃勃生机。

## 看淡生活中的不平事

面对生活中不公平的人和事，不要过分强求。生活本是如此，只要学会生活、懂得生活，就会看淡生活中的不平事。

世上很难有公平的事，本来你想这样，事情偏偏与你的愿望背道而驰，即使你付出辛苦了、付出努力了，也不一定能获得回报。

亨特遭到女友抛弃来请教大师指点，他对女友还活得好好的，感到愤恨难平。

大师问他为什么。亨特回答："我们在一起时发过重誓的，先背叛感情的人在一年内一定会死于非命，但是到现在两年了，她还活得很好，老天真是太没眼睛了，难道听不到人的誓言吗？"

大师告诉亨特，如果人间所有的誓言都会实现，那人早就绝种了。因为在谈恋爱的人，除非没有真正的感情，全都是发过重誓的，如果他们都死于非命，这世界还有人存在吗？老天不是无眼，而是知道爱情变化无常，我们的誓言在智者的耳中不过是戏言罢了。

"人的誓言会实现是因缘加上愿力的结果。"大师说。

"那我该怎么办呢？"亨特问。

大师给他讲了一个寓言：

"从前有一个人，用水养了一条非常名贵的金鱼。一天鱼缸打破了，这个人有两个选择，一个是站在鱼缸前诅咒、怨恨，眼看金鱼失水而死；一个是赶快拿一个新鱼缸来救金鱼。如果是你，你怎么选择?”

“当然赶快拿鱼缸来救金鱼了。”亨特说。

“这就对了，你应该快点拿鱼缸来救你的金鱼，给它一点滋润，救活它，然后把已经打破的鱼缸丢弃。一个人如果能把诅咒、怨恨都放下，才会懂得真正的爱。”

亨特听了，面露微笑，欢喜而去。

实际上，绝对的公平是不存在的，世界不是根据公平的原则而创造的。但是我们即使遇到不公平的事，也不要怨天尤人。因为，怨也没有用，生活就是这样，有什么办法？有时候没有道理可讲，有时候又似乎不近情理。当生活让你哭笑不得的时候，你不应该太过于抱怨，而是要看淡生活中的不公平才对。

付出与回报的天平上总会出现不尽如人意的误差，苦苦的追寻换来的只能是一身的疲惫，挥洒的汗水总是换不来期待中的收获。这一切都是人生中挥之不去的，是人生竞技场上必不可少的基石。

面对生活中不公平的人和事，不妨采取以下三种做法：

(1) 改变衡量公平的标准。不公平是一种进行比较后的主观感觉，因此只要我们改变一下比较的标准，就可以在心理上消除不公平。比如，自己这次没评上职称，觉得很不公平。但是如果换一个角度想想，就会发现这次评选职称的名额有限，许多和自己条件一样甚至强于自己的人也没评上，这样一想，你也许就会心安理得了。

(2) 通过自己的奋发努力来求得公平。比如，有些人认为只要工作踏实肯干、业务能力强就可以得到领导的青睐，而把主动与领导搞好关系的举动错误地当成了溜须拍马。其实，领导也是人，而人都需要得到别人的肯定与尊重，所以有些看似不公平的事正是自己不成熟的观念与言行造成的。

(3) 不要事事苛求公平。人的心理常常受到伤害的原因之一，就是要求每件事都必须公平。其实，世界上根本就没有绝对的公平，所以我们不要事事都拿着一把公平的尺子去衡量。

生活也许并不是我们想象的那样美好，它对每个人的待遇都存在着偏心。有的人，从生下来就非常顺利，做什么都一帆风顺，没有什么坎坷，事业、婚姻都让别人羡慕；可有的人，从生下来就注定是个倒霉蛋，事业的挫折、生活的艰苦、情感的失意，都在困扰着他，甚至有时连小小的打算也难以实现。其实这就是正常的生活。因此，不要对生活给予你的不公心存怨恨，尽早地忘却它吧！只有不断地抛弃烦恼，生活才会向你展露它最灿烂的微笑。

# 第三章

# 悦纳自己，包容自身的不完美

·第一节·

# 接受自我，你只有唯一一个自己

## 世上没有绝对的完美

“断臂维纳斯”一直被认为是迄今发现的希腊女性雕像中最美的一尊。美丽的椭圆形面庞，希腊式挺直的鼻梁，平坦的前额和丰满的下巴，平静的面容，无不带给人美的感受。

她那微微扭转的姿势，和谐而优美的螺旋形上升体态，富有音乐的韵律感，充满了巨大的魅力。

作品中女神的腿被富有表现力的衣褶所覆盖，仅露出脚趾，显得厚重稳定，更衬托出了上身的秀美。她的表情和身姿是那样的庄严崇高而端庄，像一座纪念碑；然而又是那样优美，流露出女性的柔美和妩媚。

令人惋惜的是，这么美丽的雕像居然没有双臂。于是，修复原作的双臂成了艺术家、历史学家最神秘也最感兴趣的课题。当时最典型的几种方案是：左手持苹果、搁在台座上，右手挽住下滑的腰布；双手拿着胜利花圈；右手捧鸽子，左手持苹果，并放在台座上让它啄食；右手抓住将要滑落的腰布，左手握着一束头发，正待入浴；与战神站在一起，右手握着他的右腕，左手搭在他的肩上……但是，只要有一种方案出现，就会有一种反驳的理由。最终得出的结论是，保持断臂反而是最完美的形象！

人生就像维纳斯的雕像一样，因为不圆满而变得富有深意。

苛求完美是一种心理洁癖，容不得事物有半点瑕疵。实际上，世界正是有了缺憾，才使我们整个生命有了追求前进的动力，珍惜缺憾，它就是下一个完美。每一个人在内心都有一种追求完美的冲动，当一个人对于现实世界的残缺体会愈深时，他对完美的追求就会愈强烈。这种强烈的追求会使人充满理想，但这种强烈的追求一旦破灭，也会使人充满绝望。

这个世界上没有任何一件事物是十全十美的，它们或多或少皆有瑕疵，人类亦同。我们只能尽最大的努力去使它更完美一些。智者告诉我们，凡事切勿过于苛求，如果采取一种务实的态度，你会活得更快乐！

完美是一座心中的宝塔，你可以在内心中向往它、塑造它、赞美它。一个人只有经受住失败的悲哀才能到达成功的巅峰，亡羊补牢，犹未为晚。不必为了一件事未做到尽善尽美的程度而自怨自艾。

没有“瑕疵”的事物是不存在的，盲目地追求一个虚幻的境界只能是劳而无功。我们不妨问一问：“我们真的能做到尽善尽美吗?”既然不行，我们就应该重新修正认识。

## 不必把一个污点放大到全身

莎士比亚说：“聪明的人永远不会坐在那里为他们的损失而悲伤，

却会很高兴地去找出办法来弥补他们的创伤。”

在这个世界上，谁都难免犯错误，即使是四条腿的大象，也有摔跤的时候。“人要不犯错误，除非他什么事也不做，而这恰好是他最基本的错误。”

反省是一种美德。对自己做错了的事，知道悔悟和责备自己，这是敦品厉行的原动力。不反省不会知道自己的缺点和过失，不悔悟就无从改进。

在你已经知错、决定下次不再犯的时候，就是停止后悔的最好的时候，然后，你就应该摆脱这悔恨的纠缠，使自己有心情去做别的事。如果悔恨的心情一直无法摆脱，而你一直苛责自己，懊恼不止，那就是一种病态，或可能形成一种病态了。

你不能让病态的心情持续。你必须了解它是病态，一旦精神遭受太多折磨，有发生异状的可能，那就严重了。

所以，当你知道悔恨与自责过分的时候，要相信自己能够控制自己，告诉自己“赶快停止对自己的苛责，因为这是一种病态”。为避免病态具体化而加深，要尽量使自己摆脱它的困扰。这种自我控制的力量是否能够发挥，决定一个人的精神是否健全。

每个人都有缺点，这是为什么我们要受教育。教育使我们有能力认识自己的缺点并加以改正，这就是进步。但要知道在随时发现自己的缺点并随时改正之外，更要注意建立自己的自信，尊重自己的自尊。

有人一旦犯了错误，就觉得自己样样不如人，由自责产生自卑，由于自卑而更容易受到打击。经不起小小的过失，受到了外界一点点轻侮或为任何一件小事，都会痛苦不已。

一个人缺少了自信，就容易对环境产生怀疑与戒备，所谓“天下本无事，庸人自扰之”。面对这种“无事自扰”的心境，最好的方法是努力进修，勤于做事，使自己因有进步而增加自信，因工作有成绩而

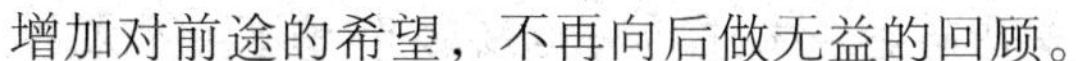

增加对前途的希望，不再向后做无益的回顾。

进德与修业，都能建立一个人的自信心和荣誉感。对自己偶尔的小错误、小疏忽，就不致过分苛责，而应从悔恨中发挥积极的力量。

自尊心人人都有，但没有自信做基础，就会使人变得偏激狂傲或神经过敏，以致对环境产生敌视与不合作的态度。要满足自尊心，只有多充实自己，使自己减少“不如人”的可能性，而增加对自己的信心。

一个健全的好人应该是该做就做，想说就说，一切要求合情合理之外，如果自己偶有过失，也能潇潇洒洒地承认：“这次错了，下次改过就是。”不必把一个污点放大为全身的不是。

## 不要为你的缺点遮羞

很多年轻人都喜欢追求完美，喜欢在一种唯美的思绪里畅想自己的未来。但是，生活中又有多少事物能像韩剧中那么完美？那么经得住人们想象的寄托？

人没有完美的，总会有这样或那样的缺点。缺点是否成为成功路上的障碍，关键是要看成就什么样的事业。想成为万人瞩目的政治领袖吗？那就需要具有富兰克林那样的勇气，检视自己的缺点，并与之进行坚持不懈的斗争，直到胜利为止。

克劳兹是美国某企业总裁，他奋斗了 8 年让企业的资产由 200 万美元发展到 5000 万美元。2005 年，他去华盛顿领取了本年度国家蓝色企业奖章。这是美国商会为奖励那些战胜逆境的企业而颁发的，那年只颁发了 6 枚奖章。

克劳兹可以算是一个成功的企业家了，可他的心中却有一个难言之隐，他将它深深藏在心里已经很多年了。白天克劳兹应接不暇地处理对外事务，好像是忙得没有时间去阅读邮件和文件。很多文件由公司的管理人员白天就处理好了，白天遗留下来的文件，到了晚上，由他的妻子莱丝帮助他处理，他的下属对他无法阅读这件事一直一无所知。克劳兹的痛苦起源于童年。当时他在内华达的一个小矿区里上小学。“老师叫我笨蛋，因为我阅读困难。”他说。他是整个学校里最安静的小孩，总是默默地坐在教室的最后一排。他天生有阅读障碍，老师又责骂他，他在学校的学习变得更艰难了。1963 年，他从高中勉强毕业，当时他的成绩主要是 C、D 和 F（A 是最高等级）。

高中毕业后，克劳兹搬到了雷诺市，用 200 美元的本金开了一家小机械商店。经过不懈的努力，1997 年他已经成功开了 5 个分店，资产远远超过 200 美元。今天他的企业已经成为所在行业的佼佼者，公司每年至少有 1500 万美元的利润。

克劳兹害怕受到那些大多是大学毕业的首席执行官们的嘲笑和轻视。但是，他没想到他得到的是更多的支持和鼓励。“这使我更加佩服他获得的成功，这加深了我对他的敬意。”他的一个下属说。另外，当克劳兹告诉他的其他雇员他不会阅读的时候，也赢得了雇员们的尊重。克劳兹说：“自从我下决心让每个人都知道这件事以来，我心里轻松了许多。”

从那以后，克劳兹聘请了一名家庭教师为他做阅读辅导。克劳兹最近正在读一本管理方面的书。他在所有他不认识的单词下面画线，然后去查字典，读得很慢。他希望有一天他能像他妻子那样可以迅速地读完办公桌上所有的文件和信函。更重要的是，他希望他的故事能鼓励其他正在学习阅读的人。

有缺点没有什么可羞愧的，然而，如果明知自己有缺点却不做任

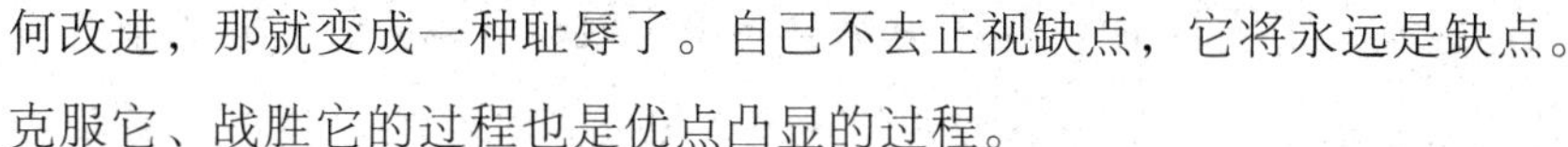

何改进，那就变成一种耻辱了。自己不去正视缺点，它将永远是缺点。克服它、战胜它的过程也是优点凸显的过程。

## 跨越性格缺陷，完美就在背后

心理学研究结果表明，一个人性格的好与坏在很大程度上对其事业成功与否、家庭生活幸福与否、人际关系良好与否起了决定性的作用。健全的个性是事业成功的基础、家庭幸福的根基、人际关系良好的基石。21 世纪是文化科技高速发展的时代，健全的个性是通向成功的护身符。

改善你的个性、健全你的个性，扼住命运的咽喉，才能做命运的主人。要改善自己的个性、健全自己的个性，前提是要认识自己的个性，找到自己性格中存在的缺陷，对症下药，为明天的成功铺一块基石。

欧玛尔是英国历史上著名的剑术高手，他有一个实力相当的对手，两个人互相挑战了 30 年，却一直难分胜负。

有一次，两个人正在决斗的时候，欧玛尔的对手不小心从马上摔了下来，欧玛尔看见机会来了，立刻拿着剑从马上跳到对手身边，这时只要一剑刺去，欧玛尔就能赢得这场比赛了。欧玛尔的对手眼看着自己就要输了，因此感到非常愤怒，情急之下便朝欧玛尔的脸上吐了一口口水，这不但是为了表达自己的怒气，也是为了要羞辱欧玛尔。没想到欧玛尔在脸上被吐了口水之后，反而停下来对他的对手说："你起来，我们明天再继续这场决斗。"欧玛尔的对手面对这个突如其来的举动，感到相当诧异，一时间显得有点不知所措。

欧玛尔向这位缠斗了30年的对手说："这30年来，我一直训练自己，让自己不带一丝一毫的怒气作战，因此，我才能在决斗中保持冷静，并且立于不败之地。刚才，在你吐我口水的那一瞬间，我知道自己生气了，要是在这个时候杀死你，我一点都不会有获得胜利的感觉。所以，我们的决斗明天再开始。"

可是，这场决斗却再也没有开始。因为，欧玛尔的对手从此以后变成了他的学生，他想学会如何不带着怒气作战。

试想，如果当初欧玛尔因对手的那口口水而一剑刺向对手，那么，他肯定成不了历史上著名的剑术高手，他的剑术也会因他易怒的性格而大打折扣。所幸的是，他平时在改造自己易怒的性格上的努力最终让他不仅赢得了胜利和荣誉，更赢得了对手的友谊。

改变性格所带来的除了技艺的精湛和人际关系的和谐外，还往往能带来意想不到的商机，狮王牙刷公司的加藤信三便是很好的例子：

加藤信三是日本狮王牙刷公司的小职员。起床后，他匆匆忙忙地洗脸、刷牙，不料，急忙中出了一些小乱子，牙龈被刷出血来！加藤信三不由火冒三丈。因为刷牙时牙龈出血的情况已不止一次发生过了。他本想到公司技术部大发一通脾气，但走到半路上，他努力让自己的怒火平静下来，并开始回想自己刷牙的过程，才发现自己一直都太急躁了，但同时加藤发现了一个为常人所忽略的细节：他在放大镜下看到，牙刷毛的顶端由于机器切割，都呈锐利的直角。"如果通过一道工序，把这些直角都挫成圆角，那么问题就完全解决了！"

于是，加藤信三一改往日的急躁、粗心，在一次次试验后终于把新产品的样品正式向公司提出。公司很乐意改进自己的产品，迅速投入资金，把全部牙刷毛的顶端改成了圆角。

改进后的狮王牌牙刷很快受到了广大顾客的欢迎。对公司做出巨大贡献的加藤也从普通职员晋升为了科长。

生活的美妙在于一个人不断地从缺陷到完美的历程。谁也不是一生下来就什么都会的，什么都知道的，也不是一生下来就有很大勇气的，这些都是在后天培养的，不要因为自己现在没有而失落，要努力去争取，这才是真正的任务。你发现自己缺少了什么，然后给自己补上，这不就不缺少了吗？对于自己也是走向完美的一小步。永远不要让自己的性格局限自己，给自己一个走向完美的期限，迈出走向完美的第一步，很快你就会成功。

## 自卑和自信往往就在一念之间

很多时候人会这样问自己："假如……我可以吗？"这是一种不自信的表现。其实自卑和自信往往就在一念之间，去除自卑，自信就会从心底应运而生。

世上大部分不能走出生存困境的人都是因为对自己信心不足，他们就像一株脆弱的小草一样，毫无信心去经历风雨，这就是一种可怕的自卑心理。所谓自卑，就是轻视自己，自己看不起自己。自卑心理严重的人，并不一定是其本身具有某些缺陷或短处，而是不能悦纳自己，总是自惭形秽，常把自己放在一个低人一等，不被自我喜欢，进而演绎成别人也看不起自己的位置，并由此陷入不能自拔的痛苦境地，心灵笼罩着永不消散的愁云。

一位父亲和他的儿子出征打仗，父亲已做了将军，儿子还只是马前卒。又一阵号角吹响、战鼓擂响了，父亲庄严地托起一个箭囊，其中插着一支箭。他郑重地对儿子说："这是家传宝箭，带在身边，你将力量无穷，但千万不可将箭抽出来。"

那是一个极其精美的箭囊，用厚牛皮打制，镶着幽幽泛光的铜边儿，再看露出的箭尾，一眼便能认定是用上等的孔雀羽毛制作的。儿子喜上眉梢，贪婪地推想箭杆、箭头的模样，想象着箭嗖嗖地掠过，敌方的主帅应声折马而毙。

果然，佩带宝箭的儿子英勇非凡，所向披靡。当鸣金收兵的号角吹响时，儿子再也禁不住得胜的豪气，完全忘记了父亲的叮嘱，强烈的欲望驱使着他一气拔出宝箭，试图看个究竟。骤然间他惊呆了——一只断箭，箭囊里装着一只折断的箭。“我一直带着断箭打仗呢！”儿子吓出了一身冷汗，顷刻间信心失去支柱，轰然坍塌了。

结果不言自明，儿子惨死于乱军之中。

拂开蒙蒙的硝烟，父亲捡起那柄断箭，沉重地啐一口道：“不相信自己的人，永远也做不成将军。”

假如“儿子”充满自信，那么情况可能就是另一种样子，可是人生没有假如。当大好的人生机遇出现在眼前时，自卑者怀疑自己是否能够做好它，不敢伸手一抓，不敢奋力一搏。未战心先怯，只会白白贻误良机。在面对一件事情的时候，自卑者会让机会从身边悄悄溜走，等到事情过后，又陷入不断的自责之中，于是更加自卑。更重要的是，具有自卑情结会造成人格和心理的卑怯，不敢面对挑战，不敢以火热的激情拥抱生活，而是卑怯地自怨自艾。久而久之，积卑成“病”，就会失去应有的雄心和志气。

所以，我们一定要根据自身的条件，横扫身上的一切自卑情结。当自己怀疑自己能力的时候，不断地暗示自己可以出色地完成任务；当觉得自己不如别人的时候，告诉自己他们只是比自己早成功了一步而已，自己通过奋斗可以比他们更成功。相信自己的力量，自己是最优秀的人，让“假如”变成一定！

# 包容自己，逃出“心狱”的监禁

现实生活里，有不少人自觉不自觉地把自己讨厌的事塞满自己的脑袋，把一些不相干的事与自己联系在一起，造成了心理压力。殊不知，对于自己讨厌的、想不通的事，我们可以不去想，否则最后你就会变成压力的囚徒。

我们总是执迷不悟，对于压力不肯放手，死死握紧，不肯去寻找新的机会，发现新的思考空间，所以陷入愁云惨雾中。

人的一生充满坎坷，稍不留神，就会被自己营造的“心狱”监禁。在“心狱”里，很多人还在不停地折磨自己，结果造成无法挽回的悲剧。有人认为，“心狱”无法逃离。但事实怎样？人的“心理牢笼”既然是自己营造的，人就有冲出“心理牢笼”的本能。这种本能就是精神上的包容，有了这种包容，什么样的“心理牢笼”都可以攻破。

有这样一句话：除了上帝之外，谁能无过？犯了错只表示我们是人，不代表就该承受如下地狱般的折磨。我们唯一能做的就是正视这种错误的存在，在错误中吸取教训，以确保未来不再发生同样的憾事。接下来就应该获得绝对的宽恕，然后把它忘了，继续向前进。

只要生活在这个世界上，就难免犯错，要是对每一件都深深地自责，一辈子都背着一大袋的罪恶感生活，你还能奢望自己走多远？

人生之帆，不论顺风或逆风都要前进。包容自己，才能把犯错与自责的逆风，化为成功的推力。

学会给自己释放压力，其实就是在包容自己。

**每天给自己一小时独处的时间。**

每天皆以祈祷、静思、默想作为开始和结束。

简单生活，别让自己活得太累。

行程表别排得太满。

设定合理的工作期限。

别承诺你做不到的事情。

做每一件事都多给自己半小时的时间。

随身携带有趣的读物。

呼吸——经常深呼吸。

活动身体——行走、跳舞、跑步，做你喜欢的运动。

重视存在，别总是一味地做事。

每周腾出休息和恢复的一天。

笑口常开。

沉浸于自己的感觉中。

总是以舒适为优先考虑。

如果你不喜欢它，就把它请出你的生活。

让大自然母亲滋养自己。

别再去讨好每一个人。

开始讨好你自己。

别和老是对你不满的人在一起。

别浪费宝贵的资源：时间、创造能量、感情。

滋养友谊。

别惧怕自己的热望。

放弃期待。

品味美丽的事物。

有“是”就有“不”。

别担忧，包容才能快乐。

# 只看我所有的便能拥有快乐

“金无足赤，人无完人”。每一个人都是优点和缺点的集合体，你也许没有过人的口才，但是善于写作；也许没有领导的才能，但是善于配合。我们不要一味盯着自己的缺点，困在自己画的圈子内黯然神伤，应该看到自己的优点，经营自己的长处，积极地生活。

她站在台上，不时不规律地挥舞着她的双手；仰着头，脖子伸得好长好长，与她尖尖的下巴扯成一条直线；她的嘴张着，眼睛眯成一条线，诡谲地看着台下的学生；偶然她口中也会咿咿唔唔的，不知在说些什么。基本上她是一个不会说话的人，但是，她的听力很好，只要对方猜中，或说出她的意见，她就会乐得大叫一声，伸出右手，用两个手指头指着你，或者拍着手，歪歪斜斜地向你走来，送给你一张用她的画制作的明信片。

她就是黄美廉，一位自小就患脑性麻痹的病人。脑性麻痹夺去了她肢体的平衡感，也夺走了她发声讲话的能力。从小她就活在诸多肢体不便及众多异样的眼光中，她的成长充满了血泪。然而她没有让这些外在的痛苦击败她内在奋斗的精神，她昂然面对，迎向一切的不可能，终于获得了加州大学艺术博士学位。她把她的手当画笔，以色彩告诉人们“寰宇之力与美”，并且灿烂地“活出生命的色彩”。全场的学生都被她不能控制自如的肢体动作震慑住了，这是一场倾倒生命、与生命相遇的演讲会。

“请问黄博士，”一个学生小声地问，“你从小就长成这个样子，请问你怎么看你自己？你没有怨恨过吗？”大家的心一紧，这孩子真是太不成熟了，怎么可以当面在大庭广众之下问这个问题？太伤人了，大家都很担心黄美廉会受不了。“我怎么看自己？”美廉用粉笔在黑板上重重地写下这几个字。她写字时用力极猛，有力透纸背的气势。写完这个问题，她停下笔来，歪着头，回头看着发问的同学，然后嫣然一笑，回过头来，在黑板上龙飞凤舞地写了起来：

一、我好可爱！

二、我的腿很长很美！

三、爸爸妈妈这么爱我！

四、上帝这么爱我！

五、我会画画！我会写稿！

六、我有只可爱的猫！

七、还有……

忽然，教室内鸦雀无声，没有人敢讲话。她回过头来看着大家，再回过头去，在黑板上写下了她的结论：“我只看我所有的，不看我所没有的。”

掌声由学生群中响起，美廉倾斜着身子站在台上，满足的笑容从她的嘴角荡漾开来，她的眼睛眯得更小了，有一种永远也不能被击败的傲然写在她脸上。

大家不觉间两眼湿润起来，看着美廉写在黑板上的结论：“我只看我所有的，不看我所没有的。”每个人都想，这句话将永远鲜活地印在自己的心上。

我们都在追求美，但我们都知道世界上没有十全十美，可我们依然没有停下追求的步伐，完美主义已经深深地渗入了我们的血液。对于自己的缺陷不要耿耿于怀，要敢于直面不完美的自我。

学会容纳自己的不完美，实事求是地看待自己，才能从自身条件的不足和所处的不利环境的局限中解脱出来，去做自己想做的事。

我们这么多年来每天生活在一个美丽的童话王国里，可是我们却看不见生活的美丽，怨天尤人，时常感到失落。要得到快乐，请记住这条规则：“只看我所有的，不看我所没有的。”

· 第二节 ·

# 轻轻松松，做最好的自己

## 你认识自己吗

据说，在希腊帕尔纳索斯山南坡上的神殿门上面，写着这样一句话："认识你自己。"人们认为这句格言就是阿波罗神的神谕。哲学家苏格拉底喜欢引用这句格言教育别人。

《伊索寓言》中有一个故事：赫耳墨斯，古希腊神话中天神宙斯的儿子，是主管商业之神，他想了解一下自己在人间的地位到底有多高。有一天，他化装成一位顾客来到雕像店。他指着宙斯的头像问雕像者："这个值多少钱?""一个银圆。"他笑了，又指着赫拉的雕像问："这个多少钱?""两个银圆。"他走到自己的雕像前，心想，自己是商业的庇护神，地位一定比他们高，便问："这个值多少钱?"雕像者指着宙斯和赫拉的像说："假若你买那两个，这个算添头，白送。"赫耳墨斯只得悄悄溜走了。

纪伯伦在其作品里讲了一只狐狸觅食的故事：狐狸欣赏着自己在晨曦中的身影说："今天我要用一只骆驼做午餐!"整个上午，它奔波着，寻找骆驼。但当正午的太阳照在它的头顶时，它再次看了一眼自己的身影，于是说："一只老鼠也就够了。"狐狸之所以犯了两次截然不同的错误，与它选择"晨曦"和"正午的阳光"作为镜子有关。晨曦拉长了它的身影，使它错误地认为自己就是万兽之王，并且力大无穷、无所不能，而正午的阳光又让它对着自己已缩小了的身影忍不住妄自菲薄。

生活中，我们要正确估价自己的成绩和长处。一个人有所成就，能力是一方面，机遇也是很重要的，主观因素和客观机遇同时存在，才造就了目前的成绩。因此，绝不能单纯强调自己的主观努力，忘记别人与社会为你创造出的条件，一定要谦虚谨慎，老老实实做人、勤勤恳恳做事。

我们还要正确估价自己的缺失。一个人身上存在缺失乃至失误并不可怕，可怕的是对此视而不见。很多时候正是对这些小问题不注意，才酿成大错。

世界上没有两片完全相同的树叶，人也一样，每个人都是上帝的宠儿。正确认识自己，既看到自己的长处，也认识到自己的不足，给自己正确定位，这样才能自信地去迎接机遇和挑战，创造更多的成功和欢乐。

正确认识自己，才能使自己充满自信，才能使人生的航船不迷失方向。正确认识自己，才能正确确定人生的奋斗目标。只有有了正确的人生目标，并充满自信，为之奋斗终生，才能成就事业；即使不成功，也无怨无悔。

## 告诉自己：我是最好的

300多年前，建筑设计师克里斯托·莱伊恩受命设计了英国温泽市政府大厅，他运用工程力学的知识，依据自己多年的实践，巧妙地设计了只用一根柱子支撑的大厅。

一年后，市政府的权威人士在进行工程验收时，对此提出质疑，认为这太危险，并要求他再多加几根柱子。

莱伊恩非常苦恼，坚持自己的主张吧，他们会另找人修改设计，不坚持吧，又有违自己做人的准则。莱伊恩终于想出一条妙计，他在大厅里增加了4根柱子，但它们并未与天花板连接，只不过是装装样子，来瞒过那些自以为是的人。

300多年过去了，这个秘密始终没有被发现。直到有一年市政府准备修缮天花板时，才发现莱伊恩当年的“弄虚作假”。

故事告诉我们：只要坚持自己能做到最好，他人的议论、责备就无法左右你。每个人都有独一无二之处，你必须看到自身的价值。

在一次演讲中，一位著名的演说家没讲一句开场白，手里却高举着一张20元的钞票。面对台下的200多人，他问：“谁要这20元?”一只只手举了起来。他接着说：“我打算把20元送给你们中的一位，但在这之前，请准许我做一件事。”他说着将钞票揉成一团，然后问：“谁还要。”仍有人举起手来。

他又说：“那么，假如我这样做又会怎么样呢?”他把钞票扔到地上，又踏上一只脚，并且用脚踩它。然后他拾起钞票，钞票已变得又脏又皱。“现在谁还要?”还是有人举起手来。

“朋友们，你们已经上了一堂很有意义的课。无论我如何对待那张钞票，你们还是想要它，因为它并没有贬值，它依旧是20元。”

其实，我们每个人都是如此，无论命运如何捉弄，我们都有自己的价值。

遗传学家告诉我们：我们每一个人，都是上亿个精子中跑得最快、最先抓住机遇和卵子结合而生的，是46对染色体相互结合的结果，23

对来自父亲，另23对来自母亲。每个染色体都有上百万个遗传基因，每个基因都能改变你的生命。因此，形成你现在的模样的概率是30兆分之一，也就是说，纵使你有30兆个兄弟姐妹，他们还是同你有相异之处，你仍旧是独一无二的。

美国诗人惠特曼在诗中说：

我，我要比我想象的更大、更美
在我的，在我的体内
我竟不知道包含这么多美丽
这么多动人之处……

人是万物的灵长，是宇宙的精华，我们每个人都具有使自己生命产生价值的本能。创造有价值生命的本能是人体内的创造机能，它能创造人间的奇迹，也能创造一个最好的“自我”，关键是看你如何启用它。

美国哲学家爱默生说：“人的一生正如他一天中所设想的那样，你怎样想象，怎样期待，就有怎样的人生。”

## 懂得原谅自己

在日本，有一名僧人叫奕堂，他曾在香积寺风外和尚处担任掌理饮食典座。

有一天，寺里有法事，临时决定必须提早进食。乱了手脚的奕堂，匆匆忙忙地把萝卜、红萝卜、青菜随便洗了一洗，切成大块就放到锅里去煮。他没想到青菜里居然有条小蛇，就把煮好的菜盛到碗里直接端出来给客人吃。

满堂来客一点也没发觉。当法事结束客人回去后，风外把奕堂叫去，风外用筷子把碗中的一样东西挑起来问他：

“这是什么?”

奕堂仔细一看，原来是蛇头。他心想这下完了，不过还是若无其事地回答：

“那是个红萝卜的蒂头。”

奕堂说完就把蛇头拿到手上，放到嘴边，咕噜一声吞下去了。风外对此佩服不已。

智者即是如此，犯了错误，他不会一味自责、内疚或寻找借口推卸责任，而是采取适当的方式正确地对待。

生活中，我们每个人都会犯错。“人非圣贤，孰能无过”犯了错只表示我们是人，不代表就该承受如下地狱般的折磨。我们唯一能做的就是正视这种错误的存在，由错误中学习，以确保未来不再发生同样的憾事。

人的一生中犯的错误有许多，要是对每一件事都深深地自责，一辈子都背着一大袋的罪恶感过活，你还能奢望自己走远吗?

“随它去吧!”智者说，“它不会持久的，没有一个错误会持久的!”

太阳光芒万丈但还有黑子，“人非圣贤，孰能无过”做错了就应该正视自己的错误，勇敢承担责任，及时勉励，确保以后不再重犯。而不应是推卸责任、想方设法为自己辩护……

所谓聪明人不重复同样的错误，就是这个道理。若把时间、精力都放在自怨自艾，自暴自弃上，那你不但以后还会犯类似的错误，而且会对自己更没信心，把自己的生活搞得更加糟糕。

由于我们试图抓住一些无法挽回的不幸的事情，以及一些给我们带来痛苦、造成担忧和焦虑的事情，我们经历了不少折磨和痛苦！它们对我们是非常不利的，我们应该忘记它们，把它们打入历史的坟墓。

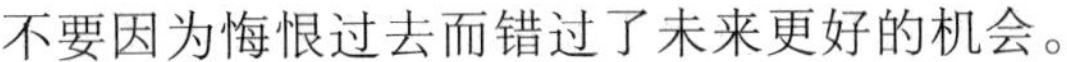

不要因为悔恨过去而错过了未来更好的机会。

懂得爱自己、宽容自己，才是生活的智者。

## 求人不如求己

伐木工人巴尼·罗伯格在伐一棵大树时，大树突然倒下，他来不及躲避，被大树粗壮的枝干压在树身下。当他苏醒过来时，他发现自己的左腿被枝干死死压住，不管自己怎么使劲也抽不出来。

天快黑了，周围一个工友也没有。巴尼想，如果就躺在地上等待有人来救援，恐怕自己在被人发现之前就会因失血过多而死去。现在唯一的办法是自救，即把压在腿上的树干砍成两截，才有可能抽出左腿。

于是，巴尼摸起身边的斧子，一下一下地砍起树干来。可没砍几下，斧柄突然断了。巴尼在绝望之余，想到了只有砍断自己的左腿才是唯一的求生之路。

没有犹豫，忍着剧痛，巴尼砍断了自己的左腿，再以惊人的毅力爬到了山下的工棚里，并拨通了通往医院的电话。

巴尼用失去一条腿的“残酷”代价，换来了生命。而他之所以能活下来，就是因为他进行了积极的自救。

巴尼的自救行为让我们认识到了：命运就在自己手中。一味依靠、信赖别人的人，只会等来失败。积极地创造条件改变自己的命运，就能打败磨难，走出困境。

一个人在屋檐下躲雨。看见一个和尚正打伞走过，这人说：“大师，你们佛门弟子以普度众生为责任！带我一段如何？”

和尚说："我在雨里，你在檐下，而檐下无雨，你不需要我度。"

这人立刻跳出檐下，站在雨中："现在我也在雨中了，该度我了吧？"

和尚说："我也在雨中，你也在雨中。我没有被雨淋，是因为有伞；你被雨淋，是因为无伞。所以不是我度自己，而是伞度我。所以不必找我，请自找伞！"说完便走了。

有人问观世音菩萨："我们天天拜您，口中不停地念您的名号，可是您好像也在念佛啊！您到底在念着谁的名号呢？"

菩萨微微一笑："我也在念自己的名号啊！正所谓求人不如求己。"

自己的命运掌握在自己的手中，要想拥有一个高质量的人生，就给自己足够的信心；要想平平庸庸过一辈子，别人也没办法。只有相信自己的力量，才能谱写出自己想要的人生妙曲。

## 自嘲是一种艺术

自嘲，即自我嘲弄。它作为生活的一种艺术，不但能给人增添快乐、减少烦恼、免除尴尬，还能帮助人更清楚地认识真实的自我，战胜自卑的心态，应付周围众说纷纭所带来的压力，摆脱心中种种失落和不平衡，从而获得精神上的满足和成功。

林肯长相丑陋，可他常常诙谐地拿自己的长相开玩笑。在竞选总统时，他的对手攻击他两面三刀，搞阴谋诡计。林肯听了指着自己的脸说："让公众来评判吧，如果我还有另一张脸的话，我会用现在这一张吗？"还有一次，一个反对林肯的议员，走到跟他前挖苦地问："听说总统您是一位成功的自我设计者？""不错，先生，"林肯点点头说，

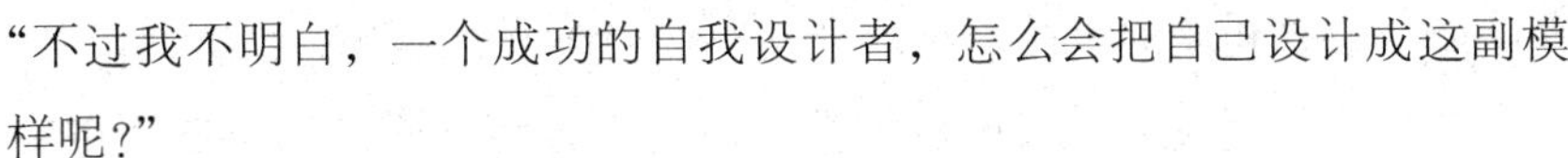

“不过我不明白，一个成功的自我设计者，怎么会把自己设计成这副模样呢?”

英国作家杰斯塔东是个大胖子，行动起来，真是“路也走不动，山也不能爬”，但他不以矮和胖为耻。有次他对朋友自嘲说：“我是个比别人亲切三倍的男人，每当我在公交车上让座给妇女时，我的一个座位足可以让三个妇女坐下。”

里根总统访问加拿大，在一座城市发表演说时，有一群举行反美示威的人不时打断他，表示出明显的反美情绪。作为加拿大总理，皮埃尔·特鲁多对这种无理的举动感到非常尴尬。面对这种困境，里根反而面带笑容地对他说：

“这种情况在美国是经常发生的，我想这些人一定是特意从美国来到贵国的，可能他们想使我有一种宾至如归的感觉。”

听到这话，尴尬的特鲁多禁不住笑了。

1932 年，鲁迅面对种种困境，写下了著名的《自嘲》：

运交华盖欲何求，未敢翻身已碰头。
破帽遮颜过闹市，漏船载酒泛中流。
横眉冷对千夫指，俯首甘为孺子牛。
躲进小楼成一统，管他冬夏与春秋。

这是革命的诗篇，他以自嘲表明了对各类敌人的藐视，表明了为革命事业战斗到底的决心。

一次，由爱因斯坦证婚的一对年轻夫妇带着他们的小儿子来看他。孩子刚看了爱因斯坦一眼就号啕大哭起来，弄得这对夫妇很尴尬。幽默的爱因斯坦却摸着孩子的头高兴地说：“你是第一个肯当面说出对我的印象的人。”大家都乐了，气氛也活跃起来。

自嘲不是玩世不恭。具有积极意义的自嘲，包含着自嘲者强烈的自尊、自爱。自嘲不过是他采取的一种貌似消极、实为积极的促使交谈向好的方向转化的手段而已。

自嘲有一些技巧：采用多种手法，把尴尬事件诙谐化，在笑声中化解攻击，摆脱不利的局面；将不满寓于自嘲之中，使不便直言的意思得以传达；适当贬低自己，以自嘲来缓解对方的尴尬。

## 变压力为动力

某生物研究所曾经进行了一个很有意思的试验。试验人员用很多铁圈将一个小南瓜整个箍住，以观察当南瓜逐渐地长大时，对这个铁圈产生的压力有多大。他们估计南瓜最多能够承受大约500磅的压力。

第一个月，南瓜承受了500磅的压力；实验到第二个月时，这个南瓜承受了1000磅的压力；当它承受到2000磅的压力时，研究人员必须对铁圈加固，以免南瓜将铁圈撑开。

当这个新颖的研究结束时，整个南瓜承受了超过5000磅的压力后瓜皮才产生破裂。

人们打开南瓜后，发现它已经无法再食用，因为它里面充满了坚韧牢固的层层纤维，试图想要突破包围它的铁圈。为了吸收充分的养分，以便于突破限制它成长的铁圈，它的根部甚至延展超过2.4万米，所有的根往不同的方向伸展，最后这个南瓜独自控制了整个花园的土壤与资源。

当命运给你施加压力时，你若坚持不懈，如同这南瓜一样，充分调动内在的潜能，承受起巨大的重负，那么你必将会成就非凡的人生。

一个农夫在高山之巅的鹰巢里，捉到一只幼鹰。他把幼鹰带回家，养在鸡笼里。这只幼鹰和鸡一起啄食、散步、嬉闹和休息，时间长了，

它在鸡的眼里与自己的同伴几乎没有什么不同。

它的羽翼渐渐丰满，主人非常想把它训练成猎鹰，可是，由于终日和鸡厮混在一起，它已经变得和鸡完全一样，根本没有飞的愿望了。

主人试了各种办法，都毫无效果。

最后，农夫把鹰带到山崖顶上，一把把它扔了出去。鹰沿着悬崖急坠而下，恐惧让它努力地扑棱着翅膀。终于，一声长啸，鹰振翅腾起，在广阔的天空里任意翱翔。

给自己一处悬崖，你就有可能展翅高飞。

西汉名将韩信曾在井陉关背水一战，最后大获全胜，他奉行的就是“置之死地而后生”、变压力为动力的策略。只有置身险境，自身的潜力才能最大限度地迸发出来，助你达到理想的顶峰。

生命旅程中，有时候我们难免会陷入洼地里，背负种种重压，那就努力抖落它，挣脱束缚，向上向前！

·第三节·

# 你自己就是一座宝藏

## 你就是自己的救世主

这个世界没有什么救世主，除了我们自己。

人生总会面临困境，要摆脱某种难堪的窘境，很多时候，还得靠自己成全。

有个小孩一直很怕蜘蛛。父亲问他为什么怕蜘蛛，他说："蜘蛛太难看了，所以我怕。"仔细推敲这句话，你会得出这样的结论：蜘蛛太难看了，让我害怕。是蜘蛛的问题，不是我的问题。我是没办法的。

父亲又问："是不是所有人都怕蜘蛛？"

"不是。你就不怕，我有一个同学也不怕。"

父亲再问："同一个蜘蛛，有人怕有人不怕，那么是由谁去决定怕不怕呢？"

儿子想了想，回答："是人去决定的。"

父亲问了最后一个问题："那你有什么决定呢？"

"哦……"儿子的表情舒展开来，"那蜘蛛没什么好怕的了。"

我们在工作中、生活中总会遇到这样那样的"蜘蛛"（困难、挫

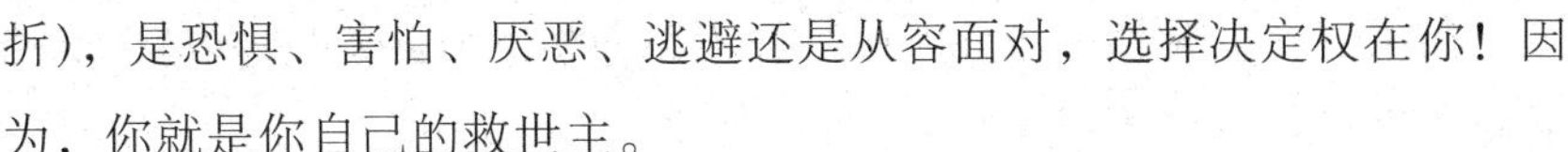

折)，是恐惧、害怕、厌恶、逃避还是从容面对，选择决定权在你！因为，你就是你自己的救世主。

1947年，美孚石油公司董事长贝里奇到开普敦巡视工作。一次，在卫生间里，看到一位黑人小伙子正跪在地板上擦水渍，并且每擦一下，就虔诚地叩一下头。贝里奇感到很奇怪，问他为何如此？黑人答，在感谢一位救世主。贝里奇很为自己的下属公司拥有这样的员工感到欣慰，问他为何要感谢那位救世主？黑人说，是救世主帮着他找了这份工作，让他终于有了饭吃。贝里奇笑了，说："我曾遇到一位救世主，他使我成了美孚石油公司的董事长，你愿意见他一下吗？"黑人说："我是个孤儿，从小靠教会养大，我很想报答养育过我的人，这位救世主若使我吃饭之后还有余钱，我愿去拜访他。"贝里奇说："你一定知道，南非有一座很有名的山，叫大温特胡克山。据我所知，那上面住着一位救世主，能为人指点迷津，凡是能遇到他的人都会前程似锦。20年前，我去南非时登上过那座山，正巧遇到他，并得到他的指点。假如你愿意去拜访，我可以向你的经理说情，准你一个月的假。"

这位年轻的黑人在30天时间里，一路披荆斩棘，风餐露宿，过草甸，穿森林，历尽艰辛，终于登上了白雪覆盖的大温特胡克山。他在山顶徘徊了一天，除了自己，什么也没有遇到。黑人小伙子很失望地回来了，他遇到贝里奇后，说的第一句话是："董事长先生，一路我处处留意。直到山顶，除我之外，根本没有什么救世主。"

贝里奇说："你说的很对，除你之外，根本没有什么救世主。"

20年后，这位黑人小伙子作了美孚石油公司开普敦分公司的总经理。他的名字叫贾姆纳。2000年，世界经济论坛大会在上海召开，他作为美孚公司的代表参加了大会。在一次记者招待会上，针对他的传奇一生，他说了这么一句话："您发现自己的那一天，就是您遇到救世主的时候。"

所以，当你遭遇困境的时候，你不妨想想这句话："你就是自己的救世主。"

## 要有主见，做事的是你自己

说话的人是别人，真正做事的却是你自己，没有主见的人永远没有正确的行动。

人类社会，纷纭复杂，人言可畏。所以没有主见随波逐流的人，是永远不会取得成就的。要想获得成功，就应该凡事不随大流，要有自己的主见。

巴尔扎克若不坚定自己的作家梦，便不会有《人间喜剧》的诞生；达尔文若不坚持自己的主见，从事生物研究，便不会有进化论的面世……总而言之，没有自己的主见，便不能做自己的主人，更不能成就一番自己的事业。

为人处世要有主见，是众所周知的道理。但真能做到事事均有自己的主见，不为他人言行所左右，却非易事。

苏格拉底的学生曾经向他请教如何才能保持自我。苏格拉底让大家坐下来，他用拇指和中指捏起一个苹果，慢慢地从每个同学的座位旁边走过，一边走一边说："请同学们集中注意力，注意嗅空气中的气味。"

然后，他回到讲台上，把苹果拿起来左右晃了晃，问："有哪位同学闻到了苹果的味道？"

有一位学生举手站起来回答说："我闻到了，这个苹果很香！"

"还有哪位同学闻到了？"苏格拉底又问。

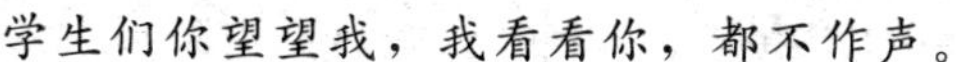

学生们你望望我，我看看你，都不作声。

苏格拉底再次走下讲台，举着苹果，慢慢地从每一个学生的座位旁边走过，边走边叮嘱：“请同学们务必集中精力，仔细闻闻空气中的气味。”

回到讲台上，他又问：“大家闻到苹果的气味了吗？”这次，绝大多数学生都举起了手。

稍停了一会儿，苏格拉底第三次走到学生中间，让每位学生都闻一闻苹果，回到讲台后，他再次提问：“同学们，大家闻到苹果的香味了吗？”

他的话音刚落，除一位学生外，其他学生全部都举起了手。那位没举手的学生左右看了看，慌忙也举起了手。

看到这种情景，苏格拉底笑着问：“大家闻到了什么味儿？”

学生们异口同声地回答：“苹果的香味！”

苏格拉底脸上的笑容不见了，他举着苹果缓缓地说：“非常遗憾，这是一个假苹果，什么味儿也没有。如果不能坚持自己的看法，是没有办法保持自我的。”

苏格拉底的意思非常明白：说话的人是别人，真正做事的却是你自己，没有主见的人永远没有正确的行动。坚持自己的主见，做一个独立的思想者，做一个激情的梦想者，做一个坚定的信仰者，你可能失去一些东西，但你将得到更多。

## 你有自己的芳香，做好自己

生活之所以累，是因为每个人都试图表现出自己其实并不具备的品质。其实，做好你自己就已经足够。

有一个年轻人，很希望能够做出一番自己的成就来。开始，他也总是尝试着鼓足勇气去做每一件事情。但是，渐渐地他就对自己失去了信心，结果一事无成。因此，他感到很自卑。

他去拜访了一位成功的长者。他希望从那位长者那里，获得一些成功的启示。在见面之后，他问了长者这么一个问题："为什么别人努力的结果总会成功，而我努力的结果却那么糟糕呢?"

长者微笑着摇了摇头，反问他："如果，现在我送你'芳香'两个字，你首先会想到什么呢?"

思忖了一会儿，年轻人回答说："我会想到糕点，虽然我开办不久的糕点店已在前些日子停业了，但是我仍会想到那些芳香四溢的糕点。"

长者点了点头，然后，便带他去拜访一位动物学家朋友。在见面后，长者问了对方一个相同的问题。

动物学家回答道："这两个字，首先会使我想到眼下正在研究的课题——在自然界里，有不少奇怪的动物，利用身体散发出来的芳香做诱饵，捕捉食物。"

之后，长者又带他去拜访一位画家朋友，也问了对方这么一个问题。

画家回答道："这两个字，会使我联想到百花争艳的野外，还有翩翩起舞的少女。芳香，能够给我的创作带来灵感。"

从那位画家朋友家中出来之后，年轻人仍不明白长者的用意。

在返回的途中，长者顺便又带他去拜访了一位久居海外、刚刚回国探亲的富商。在谈话中，长者也问了对方这么一个问题。

那位久居海外的富商动情地说："这两个字，会使我联想起故乡的土地。故乡土地的芳香，令我魂牵梦绕。"

辞别那位富商之后，长者才问那个年轻人："现在，你已经见过不少出色的人物了。那么，他们对'芳香'的认识与你相同吗？"

年轻人仍不解地摇了摇头。

长者继续问道："那他们对'芳香'的认识，有相同的吗？"

年轻人又摇了摇头。此时，长者笑了，然后意味深长地说："其实在生活中，每一个人都有与众不同的芳香，你也一样呀，拥有自己的芳香。为什么你现在做的不像别人那么出色呢？那是因为你只是在看别人如何欣赏他们自己的芳香，而你把自己的芳香给忽视了。"

任凭世事纷纭，你都要好好把握你自己，千万别忽视了自己的芳香。很多时候，你不用想得太多，你只要走属于你的道路，做好你自己就行了。

有一个没有工作的人到微软应聘一份清洁工的工作。在经过面试和清洁试工以后，人事部门告诉他被录取了，向他要 E-mail，以寄发录取通知和其他文件。

他说："我没有电脑，更别提 E-mail 了。"

人事部门告诉他："对微软来说，没有 E-mail 的人等于不存在的人，所以微软不能用你。"

他很失望地离开微软，口袋里只有 10 美元。他只好到便利商店买了 10 公斤的马铃薯，挨家挨户地转手卖出。两个钟头后马铃薯卖光了，获利 40 美元。接下来他又做了好几次生意，把本钱增加了一倍。他发现这样可以挣钱养活自己，于是，认真地做起这种生意来。

凭借个人努力和一些运气，他的生意越做越大，还买了车，增加了人手。5 年内，他建立了一个很大的"挨家挨户"的贩售公司，提供人们只要在自家门口就可以买到新鲜蔬果的服务。最后，他成了百万富翁。

他考虑到为家人规划未来，于是计划买一份保险。签约时，业务员向他要 E-mail。他再次说出："我没有计算机，更别提 E-mail 了。"

业务员很惊讶："您有这么样一个大公司，却没有 E-mail。想想看如果你有计算机和 E-mail 的话，可以做多少事啊！"

他说："我会成为微软的清洁工。"

每个人都有自己适合的道路，走在适合自己的道路上，人生才是有意义的。人生要过得五彩缤纷，就要走专属于自己的那条道路。只有做好你自己，你的人生才能焕发出别样的美丽。

## 学会表现自己，别做慢游的快艇

一个年轻人对自己久不被重用感到很不解，就慕名去拜访一位很有名的经理，请他指点迷津。经理问年轻人道："你在工作上对自己是如何定位的？"

"我父亲告诉我，做人不能太露锋芒，我认为很有道理。所以在公司里我处处忍让。"年轻人说。

听了他的话，经理没有言语，领着年轻人坐上快艇，然后发动小油门慢慢前行。和他们同时启动的一艘快艇加大马力，似流星般驶到他们前面；晚于他们启动的大游船也很快超过了他们，就连一叶双人小扁舟也到了他们的前面……

一艘大游船赶了上来，船主对他们说："你们的快艇连个小木舟都不如，报废了吧。"

经理扭头笑问年轻人："你说我们的快艇究竟如何？"

“因为他们不知你没开足马力。”年轻人答道。

“是啊，其实人又何尝不是这样呢？你再有才华，但你不显露，别人不知道，怎么会看重你呢？低调可以，但不能太过了，要学会表现自己。即使你的能力有人知道，但是你畏畏缩缩，人家又怎敢重用你呢？如此，你又怎能快速到达理想的彼岸呢？”

年轻人听了，顿然醒悟，开始在工作中积极表现自己，很快他就被提升为部门经理。

快艇的优势就在于它的速度，如果连速度都掩饰起来，那还能叫快艇吗？所以说，韬光养晦固然有它的优点，但有时候我们更需要学会如何去展现自己、推销自己。

战国的时候，很多有权威的人都供养着一些有才华的人，作为他们的人才库，这些被供养的人被叫作食客，也叫门下客，而供养他们的人叫作养士。毛遂就是赵国平原君的食客，在平原君府上已经三年了，一直没有得到重用。

这一年，赵王派平原君出使楚国，请求楚国出兵共同抵御秦国。于是平原君决定挑选20个能人和自己一起去秦国。可是挑来挑去，只挑出了19个，平原君很是发愁。这时候，毛遂请求和平原君一起去楚国。平原君看不起毛遂：“你在我这里几年了？”

毛遂回答：“三年了。”

平原君继续说道：“有才能的人，就像把锥子放在口袋里一样，锥子尖马上会显现出来的，你在我府上三年了，我为何听都没有听说你啊？”

毛遂恳求道：“那么，今天就把我放入袋子吧。如果早点进入口袋，我早就刺破口袋脱颖而出，名声在外了！”于是平原君勉强带上了毛遂。

到了楚国后，平原君和带去的19人都没能说服楚王，眼看谈判就进行不下去了，毛遂挺身而出，施展他的口才，终于把楚王说服了。平原君圆满完成了任务，从此重用毛遂。

生活是一连串的推销。我们推销货品，推销一项计划，我们也推销自己。展示自己是一种才华、一种艺术。一个优秀成熟的人，就要懂得在恰当的时候以恰当的方式表现自己，让自己脱颖而出！

## 学会检讨自己，人都是有弱点的

一位哲学家曾经问学生："如果你同时养了猫和鱼，但是一天你出门，回来后发现鱼被猫偷吃了，你觉得应该怪谁？"

毫无疑问，几乎所有的学生都说怪猫。

哲学家笑了笑："猫当然有责任，但除了责备猫，你更应该责备自己。因为猫吃鱼是它的本性，你明知猫会偷吃鱼，却不加任何防范，导致了事故的发生，所以你也是有责任的。同样的道理，当你明明知道人性有弱点，却不加防范，而吃亏的时候，除了怨那个人，也应该检讨自己。"

学生们听了，默然点头。

事在人为。所以，在学会坚持不懈的同时，你还要学会检讨自己，学会在上错了车后及时下车，学会在必败无疑的比赛中停下来喝口茶，学会给疲惫的爱情画上句号。要经常果断地舍弃一些不该投入的精力和事情，其结果才不会让自己太失望。

台湾作家刘墉去外地办事，下飞机之后搭计程车。刘墉初次到那个城市，就跟司机打听当地的情形。司机不但热情地为他介绍，还发表了不少对时局的看法，两人谈得很投机。

到达目的地后，计程表上是180元。

“给100元好了！”司机手一挥，豪爽地说。

刘墉觉得有点过意不去：“那怎么成？”于是递过去200元说：“不用找了！”

听到司机在背后连声喊着“谢谢，谢谢”，刘墉觉得很是温馨。

办完事，刘墉又打车回机场。机场到了，计程表上的数字是120元，弄得刘墉哭笑不得，才知道自己被宰了，觉得司机太奸诈。

这使刘墉想起一个朋友的经历：一次，夫妻二人到欧洲旅行。临回国，特别跑到工艺品店，订了一个大号的名画复制品。但是当他们拿过账单时，觉得数字好像不对，细看才发现，老板居然把账单上面的1995年，也当作货款加了上去。夫妻俩费了一番口舌，才说服老板纠正了错误。

夫妻俩站在门口等计程车，偏偏碰到下班，一辆空车也没有，眼看飞机要起飞了，急得像热锅上的蚂蚁。

“叫不到车？”店老板探出头来，“飞机几点起飞？”接着跑到屋后，开出自己的车，一路飞驰到机场。

“快走！快走！画我保证尽快给你们寄过去！”老板很是热心。

不久，他们接到邮包，画像包装得非常讲究，毫无损伤，只是大号变成了小号。夫妻俩不由想：“还说欧洲人厚道可靠，我看也未必。”

人都是有弱点的。当你有一点陌生、有一点外行时，人们往往会设法占点小便宜。其实，世上大多数人都是这种不好不坏的人。当你不小心的时候，他们会占你的便宜；当你跟他有了交情，他又可能对你付出，成为某种意义上的好人。如果你自己很谨慎小心，他们是占不到你便宜的。

人生的道路很漫长，停下来歇一歇是为了更好地赶路，走得更久更远。当然，在这个过程当中，寻找失误，并反复检讨自己的失误是成长过程中一个很重要的课程。成长的道理就是不断检讨自己的过去，要以一颗宽容的心对待周围的每一个人，不要计较得失。

## “我很重要”，不要看轻你自己

任何时候都不要看轻了自己。在关键时刻，你敢说“我很重要”吗？试着说出来，你的人生也许会由此揭开新的一页。

有个人很穷，自己又没有一技之长。因为没有谋生的手段，他每天只有靠在城里乞讨度日，生活十分困窘。

刚好在此时，有个马医因为活计太多，忙不过来，需要找一个帮手。这个乞丐便主动找上门去，请求在马厩里给马医打打杂工，以此换取一日三餐。

这样一来，他再也不用沿街乞讨，晚上也不必漂泊流浪。安定的生活使他的日子变得充实起来，他干活也格外卖力，并决心成为一个马医。

可是，有人却在他身边取笑他说：“马医本来就是一个被人瞧不起的职业，而你不过是为了混口饭吃，就去给马医打杂，当下手，这不是你莫大的耻辱吗？”

这个昔日的乞丐平静地回答：“依我看，天下最大的耻辱莫过于寄生虫，靠乞讨度日。过去，我为了活命，连讨饭都不感到羞耻；如今能帮马医干活，用自己的劳动养活自己，同时还能学到东西，这又怎么能说是耻辱呢？”

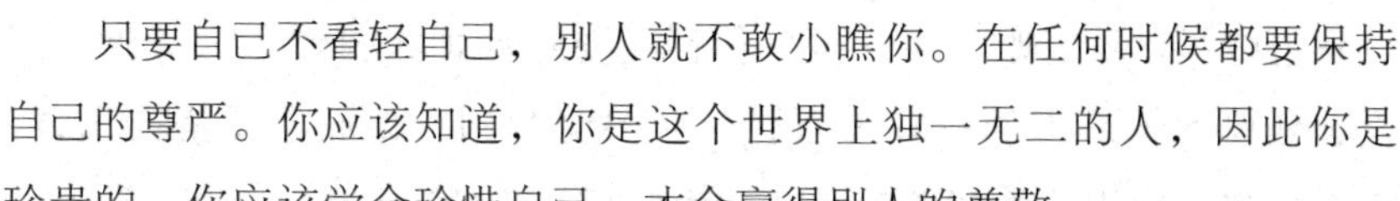

只要自己不看轻自己，别人就不敢小瞧你。在任何时候都要保持自己的尊严。你应该知道，你是这个世界上独一无二的人，因此你是珍贵的。你应该学会珍惜自己，才会赢得别人的尊敬。

如今人们所需要的不是谦虚，而是自信。只要你不懈追求，相信自己不比别人差，你就一定能行！哪怕你只是一块石头，但，站着就该是一座山，倒下便是路基，完整时给人启示，粉碎时使人警醒……你要时刻提醒自己：我很重要！

战后受经济危机的影响，日本失业人数陡增，工厂效益也很不景气。一家濒临倒闭的食品公司为了起死回生，决定裁员1/3。有三种人名列其中：一种是清洁工，一种是司机，一种是无任何技术的仓管人员。这三种人加起来有30多名。经理找他们谈话，说明了裁员意图。

清洁工说："我们很重要，如果没有我们打扫卫生，没有清洁优美、健康有序的工作环境，你们怎么能全身心投入工作？"

司机说："我们很重要，这么多产品没有司机怎么能迅速销往市场？"

仓管人员说："我们很重要，战争刚刚过去，许多人挣扎在饥饿线上，如果没有我们，这些食品岂不要被流浪街头的乞丐偷光！"

经理觉得他们说的话都很有道理，权衡再三决定不裁员，重新制定了管理策略。最后经理在厂门口悬挂了一块大匾，上面写着："我很重要。"

从此，每天当职工们来上班时，第一眼看到的便是"我很重要"这4个字。不管一线职工还是白领阶层，都认为领导很重视他们，因此工作也很卖命，这句话调动了全体职工的积极性，几年后公司迅速崛起，成为日本有名的公司之一。

生命没有高低贵贱之分。蚯蚓虽然丑陋，却肥沃了无数的土地；

一只蜜蜂虽然不起眼，但它可以传播花粉从而使大自然色彩斑斓。所以，任何时候都不要看轻了自己。在关键时刻，你敢说“我很重要”吗？试着说出来，你的人生也许会由此揭开新的一页。

# 第四章

# 广结人脉，
# 包容是赢得人心的奥秘

·第一节·

# 海纳百川，有容乃大

## 为人处世以容人为上策

古人曾说：“得饶人处且饶人。”在生活中，如果我们一旦有争强好胜、锱铢必较的心理，就可能给自己招来不必要的烦恼、嫉妒甚至是仇恨。

可见，包容是做人、处世的大智慧，也是和谐人际关系的一种润滑剂。尤其是在双方产生针锋相对的矛盾时，如果以硬碰硬，无论胜负都会有所损失，倘若能够互相包容，就不仅会避免损伤，还能够将问题处理得很好。

在生活和工作中，我们每个人都难免会遇到不如意的事情。如果因为一点小事情就闷闷不乐，甚至大动肝火，这不仅会影响自己、影响他人，可能还会招致更多的麻烦。所以，当我们在遇到不如意的事情时，一定要学会去适当地包容，不要与他人产生摩擦，而要以一种平和的态度来面对。

人生在世，本就是苦多于乐，如果再过多地与人计较，甚至与自己计较，总在为得失算计，那就失去了生活的乐趣。生活过得不快乐，还有什么意义呢？所以要转变态度，去包容他人。

有一位高僧特别喜欢兰花，在平日修行讲佛之余总会花费很多的心力侍弄兰花。有一次他要出远门云游，临行前交代弟子要好好照顾他的兰花。但是有一天一个弟子在浇花时，不小心摔倒后把花架撞倒了，所有的兰花盆都摔碎了，兰花也散落了一地，无法收拾。弟子们全都慌了，只好等着师父回来责罚。但是出乎意料的是，当师父回来之后，却没有责怪他们，而是召集齐了众弟子，跟他们说："我种兰花，一来是想要用它来供奉佛祖，二来是为了美化寺庙的环境，而不是为了生气而种的！"

"不是为了生气而种的！"得道高僧修养自然是高，兰花本为师父所好，也花费了很多时间来培养。一般人如果遇到这种情况肯定会很生气，很有可能会重重责罚把兰花弄坏的人，但是高僧没有。因为他明白自己种花的目的虽然没有达到，但是也不能为此而生气，况且弟子也是无心之过，所以就很容易地宽容了徒弟。

为人处世，如果以严厉的态度、倨傲的性格对待别人，就会招致别人的怨恨，引来不满。如此，于人于己都不利，何必呢？正所谓：利人就是利己，亏人就是亏己，容人就是容己，害人就是害己。所以说：君子以容人为上策。

宽容是一种修养，一种德行，一种度量。如果人人都有宽容忍让的心态，那么这个社会肯定会变得更美好，人与人之间的关系也肯定会变得更和谐。

# 留有余地是一种理智的人生策略

我国古代有个叫李密庵的学者，写过一首《半半歌》，诗云：“饮酒半酣正好，花开半时偏妍，半帆张扇免翻颠，马放半鞭稳便。半少却饶滋味，半多反厌纠缠。百年苦乐半相掺，会占便宜只半。”用现代的话来说，就是凡事要留有余地，不要不给自己和别人退路。

常留余地二三分，体现了人生的一种智慧。凡事留有余地，则自由度就增加。进也可、退也可，亲也可、疏也可，上也可、下也可，处于一种自由的境地，体现了一种立身处世的艺术。

常留余地二三分，这是因为，世界上的事变幻不定，常常有许多意想不到的不利因素产生作用。“人外有人，天外有天”。人不要总是赢人，要留一些给别人赢；不要老想占上风，要给别人一些尊严。这样，自己才能不断进步，人际关系才能更和谐。一句话，为人处世还是谦虚谨慎些的好。如果目中无人，骄傲自满，就容易碰壁、栽跟头。

唐朝时代，有一位德山大师，精研律藏，而且通达诸经，其中尤以讲《金刚般若波罗蜜经》最为得意。因俗姓周，故得了个“周金刚”的美称。

当时，禅宗在南方很盛行，德山大师就大不以为然地说：“出家沙门，千劫学佛的威仪，万劫学佛的细行，都不一定能学成佛道，南方这些禅宗的魔子魔孙，竟敢狂说：‘直指人心，见性成佛。’我一定要直捣他们的巢窟，灭掉这些孽种，来报答佛恩。”

于是德山大师挑着自己所写的《青龙疏钞》，浩浩荡荡地出了四

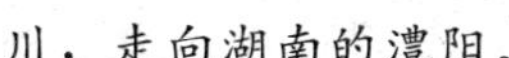

川，走向湖南的澧阳。

一日途中，突然觉得饥肠辘辘，看到前面有一家茶店，店里有位老婆婆正在卖烧饼，德山大师就到店里想买个饼充饥。老婆婆见德山大师挑着那一大担东西，便好奇地问道：

“这么大的担子，里面装的是什么东西？”

“是《青龙疏钞》。”

“《青龙疏钞》是什么？”

“是我为《金刚般若波罗蜜经》作的批注。”德山大师对于自己的著作，表现出很得意的神情。

“这么说，大师对于《金刚般若波罗蜜经》很有研究？”

“可以这么说！”

“那我有一个问题想请教您，您若能答得出来，我就供养您点心；若答不出来，对不起，请您赶快离开此地。”

德山大师心想：“讲解《金刚般若波罗蜜经》是我最擅长的，任你一位老太婆，怎么可能轻易就难倒我！”随即毫不在意地说：“有什么问题，你尽管提出来好了！”

老婆婆奉上了饼，说道：“在《金刚般若波罗蜜经》中说：‘过去心不可得，现在心不可得，未来心不可得。’不知大师您是要点哪一个心？”

德山大师经老婆婆这一问，呆立半晌，竟然答不出一句话来。他心中又惭愧又懊恼，只好挑起那一大担的《青龙疏钞》，怅然离去。

德山大师受到这次教训后，再也不敢轻视禅门中修行之人，后来来到龙潭，至诚参谒龙潭祖师，从此勇猛精进，最后大彻大悟。

世事无常，万事多留些余地，多些宽容。这是一条重要的做人准则。在你留有余地的同时，别人也会因此而受益匪浅。

待人对己都要留有余地。好朋友不要如影随形，如胶似漆，不妨保持一点距离。是冤家也不要把人说得全无是处。对崇拜的人不要说得完美无缺，对有错误的人不要以为一无是处。不要把自己看得像朵花，看别人都是豆腐渣。不要以为自己的判断绝对正确，宜常留一点余地。

一幅画上必须留有空白，有了空白才虚实相间、错落有致。有余地才更加符合实际，才更加充满希望。当然，留有余地不是一种立身处世的圆滑，不是有力不肯使，也不是逢人只说三分话，而是对世界、对自己抱一种知己知彼的理性态度，是对鉴于世界的复杂性和自身能力的有限性所采取的一种理智的人生策略。

## 律己宜严，待人宜宽

宽容，是胸襟博大者为人处世的一种人生态度。总是对别人吹毛求疵的人，一定不是个受欢迎的人。

能容天下者，方能为天下人所容。据此看来，你若要彩虹，你就得宽容雨点，若是在雨点滴到身上的那一刻便勃然大怒，又怎么能在彩虹出现的刹那拥有一种怡然自得的心情来观赏美丽的风景呢？

森林中有一条河流，河水湍急，不停地打着旋涡，奔向远方。河上有一座独木桥，窄得每次只能容一人通过。

某日，东山上的羊想到西山上去采草莓，而西山的羊想到东山上去采橡果，结果两只羊同时上了桥，到了桥中心，彼此碰到了，谁也走不过去。

东山的羊见僵持的时间已经很长了，而西山的羊照样没有退让的意思，便冷冷地说道：“喂，你长眼了没有，没见我要去西山吗？”

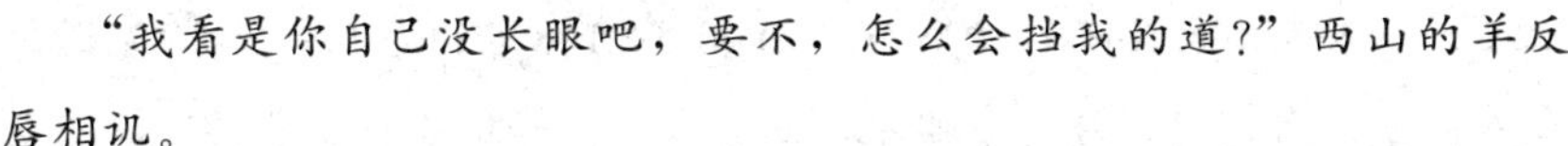

“我看是你自己没长眼吧，要不，怎么会挡我的道?”西山的羊反唇相讥。

于是，两只互不相让的羊开始了一场决斗。

“咔”——这是两只羊的犄角相碰撞的声音。

“扑通”——这是两只羊失足，同时落入河水中的声音。

森林里安静下来，两只羊跌入河心淹死了，尸体很快就被河水冲走了。

故事中的悲剧本来是可以避免的，只要有一只羊后退到桥头，等另一只过后再上桥，两只羊便都会平安无事。可悲的是，山羊们都固执地认为“狭路相逢勇者胜”，不肯宽容和忍让，最终都葬身河底。

“宽以待人”既是一种待人接物的态度，也是一种高尚的道德品质，它能够化解人和人之间的许多矛盾，增强人和人之间的友好情感。同时，一个人如果能够养成“宽以待人”的优良品德，就一定可以在同他人的相处中，严格要求自己，宽恕地善待他人，不断提高自己的思想境界，使自己成为一个道德高尚的人。

有人说，世上只要有人的地方就有纷争，尤其是有“我”有“你”再加个“他”，你、我、他之间的纷争就更多了。所以，若能秉持“你好他好我不好，你大他大我最小，你乐他乐我来苦，你有他有我没有”这四句偈语中所包含的精神，人与人必能和谐相处。

## 指责只会招来对方更多的不满

动物王国的某公司里，狮子经理上任的第一天，便把前任经理的秘书斑马小姐叫到办公室，说：“你本身就够胖的，还成天穿着花条纹衣服，一点气质都没有，这样下去有损我们公司的形象。如果你还想当办公室秘书，就得换身衣服来上班。”

“可是，我……”斑马小姐刚开口解释，狮子经理便恼怒地一挥手，斑马小姐只好含泪离开了办公室。

狮子又叫来业务员黄鼠狼，并对它说：“你是业务骨干，为了体面地面对客户，从今天起，你不准放臭屁。”

“可是，我……”黄鼠狼刚要解释，狮子经理不耐烦地一挥手，黄鼠狼只好委屈地离开了办公室。

狮子又叫来会计野猪，嫌它獠牙太长。

第二天，狮子刚走进公司大门，发现公司里冷冷清清，原来公司的员工集体辞职不干了。

狮子经理的无端指责，不但没有获得它所想象的效果，反而因树敌太多，大家都离开了它，使它成了“孤家寡人”。我们要记住狮子的教训，无论是在学校里还是在工作中，都不要轻易地指责他人。俗话说：“多个朋友多条道，多个敌人多堵墙。”

人往往有这样一个特点，无论他多么不对，他都宁愿自责而不希望别人去指责他。绝大多数人都是如此。在你想要指责别人的时候，首先你得记住，指责就像放出的信鸽一样，它总要飞回来的。指责不仅会使你得罪对方，而且对方也必然会在一定的时候指责你。

学会接纳他人，容忍他人的缺点，是人生的一门重要课程，它有助于提高你的人格魅力。因此，树敌不如交友，批评不如赞扬，只要你不到处树敌，他人就乐于与你交往。懂得了这一点，对你成功做事、做人是很重要的。

# 尊重他人就是要理解和包容他人

根据马斯洛的需求层次理论，尊重和自我实现的需要是人最高层次的需要。人们都有一种“身份”意识，希望得到他人的认可和尊重。更何况，照顾他人面子是中国的传统。只有尊重他人，才能赢得他人的尊重，别人才会跟你交朋友、做生意。

尊重他人将使我们变得更加宽容、乐观，与人更好地接触交流、精诚合作。相反，如果你自视甚高、目中无人、不顾及他人面子，总有一天会吃苦头。

小田和小方在同一单位工作，在工作能力上小田比小方稍胜一筹，这让小方生出一些嫉妒。

工作中，小田经常获得奖励，小方最喜欢对他说：“脑袋那么好使，叫咱这样的笨蛋脸往哪儿搁呀?”在背后，小方好像开玩笑似的对其他同事说：“小田拍马屁的功夫了不得，弄得领导们服服帖帖……”

在一次讨论方案的会议上，小田刚刚说完自己的设想，请大家发表意见，小方就用不阴不阳的口气说：“你下了这么大的工夫，搞了这么一堆材料，一定很辛苦，我怎么一句也没听懂呢？是不是我的水平太低，需要小田给我再来一点启蒙教育?”

顿时，小田的脸就气红了，说：“有意见可以提，你用这种口气是什么意思?”显然，小方的话太刺激人了。

后来，小田升级的速度比小方快，当上了小方的上司。终于有一天，小田逮住小方的错误，借机将他调到单位下属的一个小厂接受锻炼去了。

小方就是吃了不尊重人的苦头。如果他不改掉这个毛病，恐怕以后还会得罪更多的人，更不用说跟人友好相处、紧密合作了。

美国诗人惠特曼说过："对人不尊敬，首先就是对自己的不尊敬。"你希望别人怎样对待你，你就应该怎样对待别人。你尊重人家，人家就会尊重你。不尊重别人就会深深地刺伤别人的自尊心，并且让别人恼羞成怒，这样对自己也没有什么好处。与其如此，为什么不让我们换一种眼光，站在对方的位置上想问题，给别人一点尊重呢？要知道，尊重是人际关系的润滑剂，它将使许多问题变得更加容易解决。

克洛里是纽约泰勒木材公司的推销员。他承认，多年来，他总是尖刻地指责那些大发脾气的木材检验人员的错误，他也赢得了辩论，可这一点好处也没有。因为那些检验人员和"棒球裁判"一样，一旦判决下去，他们绝不肯更改。

克洛里虽然在口舌上获胜，却使公司损失了成千上万的金钱。他决定改掉这种习惯，不再抬杠了。他说：

"有一天早上，我办公室的电话响了。一位愤怒的主顾在电话那头抱怨我们运去的一车木材完全不符合他们的要求。他的公司已经下令停止卸货，请我们立刻把木材运回去。因为在木材卸下25%后，他们的木材检验员报告说，55%的木材不合格。在这种情况下，他们拒绝接受。

"挂了电话，我立刻赶去对方的工厂。在途中，我一直在思考着一个解决问题的最佳办法。通常，在那种情形下，我会以我的工作经验和知识来说服检验员。然而，我又想，还是把在课堂上学到的为人处世原则运用一番看看。

"到了工厂，我见购料主任和检验员正闷闷不乐，一副等着抬杠的姿态。我走到卸货的卡车前面，要他们继续卸货，让我看看木材的情况。我请检验员继续把不合格的木料挑出来，把合格的放到另一边。

“看了一会儿，我才知道他们的检查太严格了，而且把检验规格也搞错了。那批木材是白松。虽然我知道那位检验员对硬木的知识很丰富，但检验白松却不够格，经验也不够，而白松碰巧是我最在行的。我能以此来指责对方检验员评定白松等级的方式吗？不行，绝对不能！我继续观看着，慢慢地开始问他某些木料不合格的理由是什么，我一点也没有暗示他检查错了。我强调，我请教他是希望以后送货时，能确实满足他们公司的要求。

“以一种非常友好而合作的语气请教，并且坚持把他们不满意的部分挑出来，使他们感到高兴。于是，我们之间剑拔弩张的气氛松弛消散了。偶尔，我小心地提问几句，让他自己觉得有些不能接受的木料可能是合格的，但是，我非常小心，不让他认为我是有意为难他。他的整个态度渐渐地改变了。他最后向我承认，他对白松的经验不多，而且问我有关白松的问题，我就对他解释为什么那些白松都是合格的，但是我仍然坚持：如果他们认为不合格，我们不要他收下。他终于到了每挑出一根不合格的木材就有一种罪恶感的地步。最后他终于明白，错误在于他们自己没有指明他们所需要的是什么等级的木材。

“结果，在我走之后，他把卸下的木料又重新检验一遍，全部接受了，于是我们收到了一张全额支票。

“就这件事来说，讲究一点技巧，尽量控制自己对别人的指责，尊重别人的意见，就可以使我们的公司减少损失，而我们所获得的则非金钱所能衡量的。”

你看，解决问题的办法就是这么简单，只要少一点抱怨，多一分尊重，事情就变得简单了。在这里，尊重并不是一种谄媚，而是理解与包容，是一种高明的解决之道，一种自尊自爱的表现。因为只有你尊重别人了，别人才会尊重你，才会觉得你有解决问题的诚意，愿意跟你商谈合作。

面对别人的批评，我们要用诚恳的态度来接受；面对别人的过失，我们不妨多一些理解与宽容；面对别人的疑惑，我们不妨热情地伸出我们的双手。别人就是一面镜子，在尊重他人的言行里，我们可以照出自己的人格，也能照出自己的锦绣前程。

## 用刀剑去攻打，不如用微笑去征服

卡耐基培训班的一位学员说：“我已经结婚18年了，在这段时间里，从我早上起来，到要上班的时候，我很少对太太微笑，或对她说上几句话。我是最闷闷不乐的人。

“既然你要我对微笑也发表一段谈话，我就决定试一个礼拜看看。因此，第二天早上梳头的时候，我就看着镜子对自己说：‘威尔森，你今天要把脸上的愁容一扫而空。你要微笑起来。现在就开始微笑。’当我坐下来吃早餐的时候，我以‘早安，亲爱的’跟太太打招呼，同时对她微笑。

“现在，我要去上班的时候，就会对大楼的电梯管理员微笑着说一声‘早安。’我以微笑跟大楼门口的警卫打招呼。我对地铁的出纳小姐微笑，当我跟她换零钱的时候。当我到达公司，我对那些以前从没见过我微笑的人微笑。

“我很快就发现，每一个人也对我报以微笑。我以一种愉悦的态度，来对待那些满肚子牢骚的人。我一面听着他们的牢骚，一面微笑着，于是问题就更容易解决了。我发现微笑带给我更多的收入，每天都带来更多的钞票。”

微笑是人的宝贵财富，微笑是自信的标志，也是礼貌的象征。人们往往依据你的微笑来获取对你的印象，从而决定对你所要办的事的态度。只要人人都献出一份微笑，办事将不再感到为难，人与人之间的沟通将变得十分容易。

现实的工作、生活中，一个人对你满面冰霜、横眉冷对，另一个人对你面带笑容、温暖如春，他们同时向你请教一个工作上的问题，你更欢迎哪一个？显然是后者，你会毫不犹豫地对他知无不言，言无不尽；而对前者，恐怕就恰恰相反了。

有微笑面孔的人，就会有希望。因为一个人的笑容就是他传递好意的信使，他的笑容可以照亮所有看到它的人。没有人喜欢帮助那些整天愁容满面的人，更不会信任他们；很多人在社会上站住脚是从微笑开始的，还有很多人在社会上获得了极好的人缘，也是从微笑开始的。

任何一个人都希望自己能给别人留下好印象，这种好印象可以创造出一种轻松愉快的气氛，可以使彼此结成友善的联系。一个人在社会上就是要靠这种关系才可以立足，而微笑正是打开愉快之门的金钥匙。

有人做了一个有趣的实验，以证明微笑的魅力。

他给两个人分别戴上一模一样的面具，上面没有任何表情，然后，他问观众最喜欢哪一个人，答案几乎一样：一个也不喜欢，因为那两个面具都没有表情，他们无从选择。

然后，他要求两个模特儿把面具拿开，现在舞台上有两张不同的脸，他要其中一个人愁眉不展并且一句话也不说，另一个人则面带微笑。

他再问每一位观众："现在，你们对哪一个人最有兴趣？"答案也是一样的，他们选择了那个面带微笑的人。

如果微笑能够真正地伴随着你生命的整个过程，这会使我们超越很多自身的局限，使我们的生命自始至终生机勃勃。

用你的笑脸去欢迎每一个人，那么你会成为最受欢迎的人。

· 第二节 ·

# 求同存异，包容获得好人缘

## 悦纳别人的与众不同

圣诞节临近，美国芝加哥西北郊的帕克里奇镇到处洋溢着喜庆、热闹的节日气氛。

正在读中学的谢丽拿着一叠不久前收到的圣诞贺卡，打算在好朋友希拉里面前炫耀一番。谁知希拉里却拿出了比她多十倍的圣诞贺卡，这令她羡慕不已。

“你怎么有这么多的朋友？这中间有什么诀窍吗？”谢丽惊奇地问。

希拉里给谢丽讲了自己两年前的一段经历：

“一个暖洋洋的中午，我和爸爸在郊区公园散步。在那儿，我看见一个很滑稽的老太太。天气那么暖和，她却紧裹着一件厚厚的羊绒大衣，脖子上围着一条毛皮围巾，仿佛正下着鹅毛大雪。我轻轻地拽了一下爸爸的胳膊说：‘爸爸，你看那位老太太的样子多可笑呀！’

“当时爸爸的表情特别严肃。他沉默了一会儿说：‘希拉里，我突然发现你缺少一种本领，你不会欣赏别人。这证明你在与别人的交往时少了一份真诚和友善。’

“爸爸接着说：‘那位老太太穿着大衣，围着围巾，也许是生病初愈，身体还不太舒服。但你看她的表情，她注视着树枝上一朵清香、漂亮的丁香花，表情是那么生动，你不认为很可爱吗？她渴望春天，喜欢美好的大自然。我觉得这老太太令人感动！’

“爸爸领着我走到那位老太太面前，微笑着说：‘夫人，您欣赏春天时的神情真的令人感动，您使春天变得更美好了！’

“那位老太太似乎很激动：‘谢谢，谢谢您！先生。’她说着，便从提包里取出一小袋甜饼递给了我，‘你真漂亮……’

“事后，爸爸对我说：‘一定要学会真诚地欣赏别人，因为每个人都有值得我们欣赏的优点。当你这样做了，你就会获得很多朋友。’”

你可能会觉得别人与众不同，并觉得很诧异，但只要换种眼光去捕捉他们身上的这些闪光点，学会真诚地欣赏，你就会惊喜地发现你的周围有很多伙伴，好朋友也越来越多，生活也越来越丰富。

如何接纳别人的与众不同呢，不妨参考以下几点：

(1) 虚心学习朋友的长处。

(2) 不勉强别人做他们不愿意做的事。

(3) 真诚对待周围的每一个人。

(4) 在与别人的交谈中不要轻易说不喜欢谁。

(5) 与人交往要态度温和，不要动不动就发脾气。

## 帮助曾经伤害过你的人

用宽广的胸怀去包容曾经伤害过自己的人，能够不计前嫌，给他以帮助与关怀，才是为人之大德。

从前有一个富翁，他有三个儿子，在他年事已高的时候，富翁决定把自己的财产全部留给三个儿子中的一个。可是，到底要把财产留给哪一个儿子呢？富翁想出了一个办法：他要三个儿子都花一年时间去周游世界，回来之后看谁做了最高尚的事情，谁就是财产的继承者。一年时间很快就过去了，三个儿子陆续回到家中，富翁要三个人都讲一讲自己的经历。大儿子得意地说："我在周游世界的时候，遇到了一个陌生人，他十分信任我，把一袋金币交给我保管，可是那个人却意外去世了，我就把那袋金币原封不动地交还给了他的家人。"二儿子自信地说："当我旅行到一个贫穷落后的村落时，看到一个可怜的小乞丐不幸掉到湖里了，我立即跳下马，从河里把他救了起来，并留给他一笔钱。"三儿子犹豫地说："我，我没有遇到两个哥哥碰到的那种事，在我旅行的时候遇到了一个人，他很想得到我的钱袋，一路上千方百计地害我，我差点死在他手上。可是有一天我经过悬崖边，看到那个人正在悬崖边的一棵树下睡觉，当时我只要抬一抬脚就可以轻松地把他踢到悬崖下，但我想了想，觉得不能这么做，正打算走，又担心他一翻身掉下悬崖，就叫醒了他，然后继续赶路了。这实在算不了什么有意义的经历。"富翁听完三个儿子的话，点了点头说道："诚实、见义勇为是一个人应有的品质，称不上是高尚。有机会报仇却放弃，反而帮助自己的仇人脱离危险的宽容之心才是最高尚的。我的全部财产都是三儿子的了。"

宽容是一笔巨额的财富，是至善人性达到的一种境界，是人性之花历经沧桑之后依然盛开的那份通透与恬然。

活在仇恨里的人是愚蠢的。你在憎恨别人时，心里总是愤愤不平，希望别人遭到不幸、惩罚，却又往往不能如愿，失望、莫名的烦躁之后，你便失去了往日那轻松的心境和欢快的情绪，从而心理失衡；另一方面，在憎恨别人时，由于疏远别人，只看到别人的短处，在言语上贬低别人、在行动上敌视别人，结果使人际关系越来越僵，以致树敌为仇。宽容地帮助曾经伤害过你的人才不失为人生大智慧，以德化怨，春风化雨，是成熟人性臻至化境的象征，宽容的人生收获的必是满城桃李。

## 得理也要让三分

生活中总有一些人，得理不让人，就算无理也要争三分，总怕自己会吃亏；与之相反，还有一些人，真理在握也会让人三分，显得绰约柔顺，颇有君子风度。

前者，往往是生活中的不安定因素，后者则具有一种天然的向心力；一个活得叽叽喳喳，一个活得自然潇洒。有理，没理，饶人不饶人，一般都是在是非场上、论辩之中。假如是重大的或重要的是非问题，自然应该不失原则地辩个是非曲直，甚至为追求真理而献身也值得。但日常生活中，也包括工作中，往往会因为一些非原则问题、皮毛问题争得不亦乐乎，谁也不肯甘拜下风，说着论着就较起真儿来，以至于非得决一雌雄才算罢休，结果严重到大打出手，或者闹个不欢而散、鸡飞狗跳的结局而影响了团结，而且越是这样的人越对甘拜下风的人瞧不顺眼。争强好胜者未必掌握真理，而谦下的人，原本就把出人头地看得很淡，更不消说一点小是小非的争论了。越是你有理，越表现得谦下，往往越能显示出一个人的胸襟之坦荡、修养之深厚。

在生活中，人都会有难堪的时候、做错事的时候、有求于人的时候，如果这时你处在评判的一方，尤其是他们的那些错处或什么事情牵涉到你的利益时，甚或他们与你有深仇大恨时，你会怎样做呢？不同的人可能有不同的做法。一般来说，愚昧的人或心胸狭窄的人爱为难别人，他们不愿意帮助人，不为人遮掩难堪，不包容或原谅人。他们甚至会乘人之危，“鸡蛋里头挑骨头”，抓住把柄不放，且洋洋自得。这种不良行为正是他们愚昧阴暗心理的下意识表露。至于和他们有深仇大恨的人，就更不可能息事宁人了。但是在生活中，你也会经常处在难堪、有错、有求于人的位置上。比如，你不巧弄脏了别人的衣裤，违反了交通规则，为讲义气与别人结了仇，等等。在这种情况下，你极需要他人的包容。将心比心，同情他人，宽容他人，不为难他人是一种美德。这种美德能够感化人，巩固人们之间的互助亲善关系，让社会形成一种宽厚的向善风气，小人就可能不会产生，阴暗的东西就会更少一些，自己有了不幸的时候，也更容易得到他人的帮助。

不要抓住他人的错误或缺点不放，得饶人处且饶人。这样不仅可以减少矛盾，也会提升自己谦卑善良的品质。这种与人为善的品德，正是人类生存所需要的美德。

## 尊重他人的生活习惯也是一种包容

生活中有各种各样的人，而这些人会有不同的思想性格、兴趣爱好与生活习惯。有的人热情开朗，有的人沉着稳重，有的人性子急躁，有的人心胸狭窄……面对这么多不同性格的人，我们应该怎样使他们乐于按照你的意愿行事呢？要想改变他们，首先就要悦纳他们！悦纳他人，就要满怀热忱地和他们相处，容忍并且诚心地尊重别人与己不同的性格、兴趣和生活方式，还要主动地了解别人的性格特征，熟悉别人的生活习惯，在这个基础上创造和谐融洽的人际环境。

曾经有这样一个故事：

老王曾经到乡下的母校去听课。在中午吃饭的时候，他发现其中有一位老教师在喝完稀饭后，伸长了舌头，低下头，捧着碗“滋滋”有声地把碗底的残留稀饭舔得干干净净。如今的生活已经不是饿肚子的时代了，竟然还会有这样的老师。看到他这个样子，大家都禁不住笑了出来。那位老教师听到笑声，现出惊异的目光，且不由得红了脸，极为羞愧地走出了吃饭的地方。一个下午，老王没有看见老教师的身影。

临走的时候，老王终于看到了这位老教师的身影。他连忙走过去对老教师说了一些比较委婉的道歉的话。老教师抬起头说：“这是我保持了几十年的坏习惯了。过去家里穷，吃不饱，经常要求家里的三个孩子这样做，我自己久而久之形成了习惯，到现在还是改不掉，丢脸了。”

听了老教师的话，周围的人深深地为刚才的笑感到惭愧。

面对别人的习惯，如果我们没有真正的领会，只是浅薄的嘲笑，这本身说明我们对生活的理解是多么的浅薄和无知。在我们笑出声的时候，谁又会知道他的这个习惯是多么的令人尊敬呀！

在很多人的生活习惯中，我们都可以看到蕴涵在这些习惯中的个性。当然，有一些不好的习惯，我们不会学习和效仿，但是我们没有理由去嘲弄和取笑。在生活中，我们每一个人都会拥有自己的生活习惯和思维方式，当然我们无法保证所有的思维和习惯都是对的，但是我们应该用谅解和尊重去面对别人的习惯。

我们应该用广阔的心灵去包容别人的举止，用尊重的心灵去感悟别人的行为，用开阔的胸襟去对待别人的言行。这样在尊重他人的时

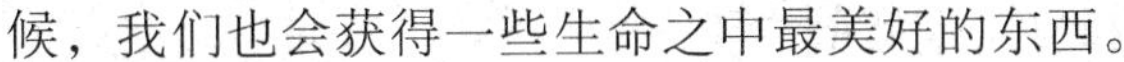

候，我们也会获得一些生命之中最美好的东西。

## 不因偶尔的过错就丧失对朋友的信任

朋友间的相处，伤害往往是无心的，帮助却是真心的，不要因朋友偶尔的过失而失去对他的信任。

在一个小镇上有一个出名的地痞，整日游手好闲，酗酒闹事，人们见到他唯恐躲避不及。一天，他醉酒后失手打伤了前来上门讨债的债主，被判刑入狱。

入狱后的地痞幡然悔悟，对以往的言行感到十分懊悔。

一次，他成功地协助监狱管理人员制止了犯人的集体越狱出逃，获得减刑的机会。

地痞（原谅这样继续称呼他）从监狱中出来后，回到小镇上重新开始生活。他先是想找个地方打工赚钱，结果全都拒绝用他。食不果腹的地痞又来到亲朋好友家借钱，看到的都是一双双不相信的眼光，他那一点刚充满希望的心，开始滑向失望的边缘。这时，地痞少年时代的朋友听说了，就取出了1000元送给他，地痞接钱时没有显出过分的激动，他平静地看了一眼昔日的朋友后，消失在镇口的小路上。

数年后，地痞从外地归来。他靠1000元起家，苦命拼搏，终于成了一个腰缠万贯的富翁，不仅还清了亲朋好友的旧账，还领回来一个漂亮的妻子。他来到了昔日的朋友家，恭恭敬敬地捧上了2000元，然后，流着泪说道：“谢谢你！你是我真正的朋友，是你的信任给了我站起来的勇气。”

信任是最好的支持，它是对人性的肯定，它对人的帮助在于心理上道义的重建，其意义超过了金钱的支援。

真正的朋友经得起任何狂风暴雨的打击，请不要因为朋友对你的态度一时冷淡或是朋友一时的过错而失去了对朋友的信任。你若能对朋友坦诚相待，你真正的朋友必然会以最大的忠诚回报你。

阿拉伯传说中，有两个朋友在沙漠中旅行，在旅途中他们吵架了，一个人还给了另外一个人一记耳光。被打的那位觉得受辱，一言不语，在沙子上写下：今天我的好朋友打了我一巴掌。他们继续往前走到了一条大河边，过河时被打巴掌的那位差点淹死，幸好被朋友救起来了被救起后，他拿了一把小剑在石头上刻了：今天我的好朋友救了我一命。

一旁的朋友好奇地问道："为什么我打了你，你要写在沙子上，而救了你却要刻在石头上呢？"另一个人笑笑地回答说："当被一个朋友伤害时，要写在易忘的地方，风会负责抹去它；相反，如果被帮助，我们要把它刻在心里的深处，在那里任何风都不能磨灭它。"

或许，朋友对你的伤害是无意间造成的，朋友间有了裂痕就需要用宽容来弥合。信任是伸向失望的一双手，一个小小的动作能改变一个人的一生。不要因偶尔的过错就失去对朋友的信任，宽容你的朋友吧，说不定在你的身边会出现奇迹。

## 包容他人的四句箴言

一位年轻的慈善家，向一位得道的高僧请教。

他问："我如何才能变成一个自己愉快同时也能够让别人愉快的人呢？"

高僧笑着对他说："孩子，在你这个年龄有这样的愿望，已经是很难得了。很多比你年长许多的人，从他们问的问题本身就可以看出，不管给他们多少解释，都不可能让他们明白真正重要的道理，就只好让他们那样好了。"

年轻慈善家满怀虔诚地听着，没有流露出丝毫得意之色。

高僧接着说："我送给你四句话。"

高僧的第一句话是："把自己当成别人。你能说说这句话的含义吗？"

年轻慈善家回答说："是不是说，在我感到痛苦忧伤的时候，就把自己当成是别人，这样痛苦就自然减轻了；当我欣喜若狂之时，把自己当成别人，那些狂喜也会变得平和中正一些？"

高僧微微点头表示赞同。

高僧接着说第二句话："把别人当成自己。"

年轻慈善家沉思一会儿，说："这样就可以真正同情别人的不幸，理解别人的需求，并且在别人需要的时候，给予恰当的帮助？"

高僧两眼发光，继续说第三句话："把别人当成别人。"

年轻慈善家说："这句话的意思是不是说，要充分地尊重每个人的独立性，在任何情形下，都不可侵犯他人的核心领地？"

高僧哈哈大笑："很好，很好。这一点是世俗间人们最容易遗忘的一件事！因为人们往往妄想着要去改变他人，却在无意之间伤害到了对方……"

高僧说的第四句话是："把自己当成自己。这句话理解起来太难了，留着你以后慢慢品味吧。"

年轻慈善家说："这句话的含义我一时体会不出。但这四句话之间就有许多自相矛盾之处，我用什么才能把它们统一起来呢？"

高僧说："很简单，用一生的时间和精力。"

那位高僧是位拥有大智慧的智者，只是短短四句——把自己当成别人、把别人当成自己、把别人当成别人、把自己当成自己——便道出了与人为善的真谛。话短意长，耐人寻味。

人与人之间总有差异，所以有时摩擦、争吵不可避免，这些本是很正常的事情。如果多些理解，学会包容，能够设身处地地为他人着想，就不会因他人与己见不同而生出隔阂，进而产生矛盾。

正是由于人与人之间存在不同的见解，才使得我们这个世界有朝气，从而产生了许多新生事物。从另一个方面来说，与他人有不同见解存在，也才会使得自己去从另一个角度思考问题。也许自己固有的见解原本就是错的，不科学的。正是由于他人的不同见解使自己反省，从而纠正自己错误的认识与观点，并获得新的进步。因此，正确对待不同见解，不仅不是理亏，反而是一种理智的态度。而要做到这点，所需要的就是“理解”。理解他人，理解环境，理解我们所处时代的方方面面；不固执，不偏激，不斤斤计较，更莫为小事而与别人打“肚皮官司”，弄得自己心神不安，伤神又伤心。

设身处地为别人着想的理解是一缕精神阳光，借助这缕“阳光”，可以澄清我们的思路，净化我们的心灵，使我们在工作、学习和生活中显得更充实，更自在，更快乐。

肯尼斯·库第在他的著作《如何使人们变得高贵》中说：“暂停一分钟，把你对自己事情的高度关注，跟你对其他事情的漠不关心，互相做个比较。那么，你就会明白，世界上其他人也正是抱着这种态度！这就是，要想与人相处，成功与否全在于你能不能以同情的心理，理解别人的观点。”

法国作家伏尔泰在遗言中说：“包容是什么？它是人性的特点，就让我们原谅彼此自身的愚蠢吧！”人与人的相处，难免会发生矛盾，出现这样或那样的失误与差错。在这时，如果你不让我，我不让你，就

很容易引发争斗。这时我们就需要学会宽容，懂得宽容待人的好处。包容是一门做人的艺术。包容待人，首先是要在心理上接纳别人、理解别人、体谅别人，在接受别人的长处时，也接受别人的短处。其次，当你遇到事情打算用愤恨去实现或解决时，不妨试着去包容，或许它更能帮你实现目标，解决矛盾，“化干戈为玉帛”。

把自己当成别人，站在对方的角度去感受对方的情感；把别人当成自己，感同身受，用亲身去体验别人的感受；把别人当成别人，我们无法强求别人改变，只能去理解、体会别人；把自己当成自己，我们的一切理解和包容并非为了别人，而是为了自己，设身处地地包容别人，其实也是在包容我们自己！

·第三节·

# 包容待人，才能与他人有效沟通

## 你对待别人的态度，决定了他人对你的态度

人与人的关系常常是微妙的。有时候，你对一个人不满，或者存在一种厌烦的心理，但是你并不希望他能够感受到你对他的不满或者厌烦，还希望他能够在不发现的前提下把你当成朋友。事实上，这种情况几乎都是不存在的。我们常说，人与人之间的关系是相互的，你不喜欢别人，往往他也正烦着你呢。你很希望与一个人成为朋友，也许他同样受着你的吸引。

这样说来，在处理人际关系中，我们就没有权利去抱怨那些对待自己不友善的人了。在舞会上，如果我们受到了别人的冷落，就应该想一想，自己是不是也同样没有将目光投放在别人的身上，却还过多地希望得到别人的关注？在生病的时候，身边没有人对自己表示关怀，是不是我们也在别人生病的时候表现出了冷漠，伤害了别人渴望友情的心……

一位老人，每天都要坐在路边的椅子上，向开车经过镇上的人打招呼。有一天，他的孙女在他身旁，陪他聊天。这时有一位游客模样

的陌生人在路边四处打听，看样子想找个地方住下来。

陌生人从老人身边走过，问道：“请问，住在这座城镇还不错吧？”

老人慢慢转过来回答：“你原来住的城镇怎么样？”

游客说：“在我原来住的地方，人人都很喜欢批评别人。邻居之间常说闲话，总之那地方很不好住。我真高兴能够离开，那不是个令人愉快的地方。”

摇椅上的老人对陌生人说：“其实这里也差不多。”

过了一会儿，一辆载着一家人的大车在老人旁边的加油站停下来。车子慢慢开进加油站，停在老先生和他孙女坐的地方。

这时，父亲从车上走下来，向老人说道：“住在这城镇不错吧？”老人没有回答，问道：“你原来住的地方怎样？”父亲看着老人说：“我原来住的城镇每个人都很亲切，人人都愿帮助邻居。无论去哪里，总会有人跟你打招呼，说谢谢。我真舍不得离开。”老人看着这位父亲，脸上露出和蔼的微笑：“其实这里也差不多。”

车子开动了。那位父亲向老人说了声谢谢，驱车离开。等到那一家人走远，孙女抬头问老人：“爷爷，为什么你告诉第一个人这里很可怕，却告诉第二个人这里很好呢？”老人慈祥地看着孙女说：“不管你搬到哪里，你都会带着自己的态度。任何地方可怕或可爱，全在于你自己！”

我们之中总有那么一些人，常常以自我为中心，只看到别人是怎么对待他的，却从来不去想自己是怎么对待别人的。有什么事情求朋友，从来都不会想别人是否有空，是否有更重要的事情去做，或者朋友已经很累了，拖延了他的请求，他就觉得自己受到了伤害，是朋友们没有为自己着想。

我们每个人都有自己的生活圈子，朋友也有自己的生活。没有人是单单为了某一个人而存在的。当我们感受到了朋友的冷落的时候，不要总是想着责怪，而是要从自身开始检讨，看看自己是否做了过分的事情。因为你如何对待别人，别人也往往怎样对你。

维护友情，需要的是相互理解、相互体谅的心。如果一直都从私利出发去要求别人，那么无疑你会招致别人的反感。在生活中，我们也常常会听说“什么样的人会交什么样的朋友”“不是一家人不进一家门”之类的话，其实就是将人以群分，这告诉我们，你怎样经营你对别人的感情，别人也会以同样的方式来对待你。

## 用命令的口吻说话，只会加深别人的反感

有个当中学老师的人，她离职后，转任人寿保险公司业务员。由于她当过老师，所以她在与同仁、客户说话时，常不自觉地说：“我这样讲，你懂不懂？”或“听明白了吗？”有时，也会脱口告诉朋友：“哎呀，你衣服不能这么穿！”

后来，有个男同事对她说：“我们是你的同事，不是你的学生，拜托你讲话时，不要一直问我们‘懂不懂’好不好？好像我们都很笨的样子！”

的确，在我们周围，有些人在沟通时，习惯用指导性语言去教导、指正别人。不管自己懂不懂，也不管自己做得好不好，就习惯“指导别人”该怎么做。

虽然，有时“善意的指导”确实对别人有益，但对不熟悉、刚认识的人，或在公开的场合，动不动就要以“自己很棒、很厉害”“我来指导你”的态度来指正对方，则常会引来别人的反感与讨厌。

因此，“指导性语言”若用得不恰当或用得太多，就会变成

“批评”，甚至是“找碴”，因为指导性语言通常带有“上对下”的教训口吻，对方听起来就会不高兴，这有违平等交流的原则。因为不管是名流显贵还是平民百姓，作为交谈的双方，他们都应该是平等的。

向初次见面的人推销自己时，决定成败的关键何在呢？首先当然是要有热忱，人们绝不会被缺乏热忱的人所感动，而这一点并不限于初次见面。所以，当你尚未决定把一件工作交给哪一个人完成时，想要争取这份工作的人，都会竞相表现他们的热忱。

而相比起“让我做”这句话，我们大概更喜欢听到“请给我一个机会”。同事之间，因彼此都不了解，就有必要保持一种节制。再者，“让我做”听起来有些盛气凌人的意思，这是我们所不喜欢的。而“请给我一个机会”就比较婉转，既保持热忱又使别人感到很舒服。

此外你还应该学会添加一些亲切的话题。比如：“早上好！今天真热啊！”“辛苦你了！今天很忙吧？”这样的话题，可以说也属于问候语的范畴，所以，如果添上这样一两句的话，无疑会有更佳的效果。

对你的同事多一些关心的问候，他一定会先感到惊讶，然后喜形于色吧！说不定这一问候语就是你俩友谊的开端，让你们成为无话不谈的好朋友，这可比令人生厌的指导命令性话语好得多。

影片《维多利亚女王》中有这样一组镜头：

维多利亚女王很晚才结束工作，当她走回卧房门前时，发现房门紧闭，于是她抬手敲门。卧房内，她的丈夫阿尔伯特公爵问：“是谁？”

“快开门吧，除了维多利亚女王还能是谁？”

她没好气地回答。

没有反应。她接着又敲，阿尔伯特公爵又问：“是谁？”

“维多利亚！”她依然高傲地回答。

还是没动静。

她停了片刻，再次轻轻敲门。

“谁呀?”

这回维多利亚轻声应答：“我是你的妻子，给我开门好吗？阿尔伯特。”

门开了。

从这段影片情节中，我们也可以看出，亲切所达到的效果。

平时多花点时间注意一下你的说话形象，它是整体形象的一个重要组成部分。想想你通常说些什么、是怎样说的。人们注意听你说话吗？你是否总是自觉或不自觉地用一些命令式的语言？有没有人曾叫你说话声音放小点？骂人的话、下流话、讽刺挖苦和怪话是市井语言，在其他地方说出口会让别人觉得有压迫感，从而疏远你。

## 友善比强硬更有力量

我们常常可以看到这样的场景：地铁里，人们为了争座位而争吵；公交车上，人们因为过于拥挤而发生扭打；走在路上，我们会因为被别人踩了一脚而揪住对方的领子不放；家长会因为孩子不服从自己的安排而给他一顿暴打；上司会因为下属不能完全听从自己的意愿而将他开除……当我们对暴力产生了盲目崇拜时，我们的心也开始变得僵硬了；当我们喜欢上了以强硬的手段去解决问题的时候，我们也就失去了理智、失去了爱。

所以，当与别人发生冲突的时候，我们不妨给予别人一个宽恕的微笑，一个温暖的笑容往往要胜过强硬的拳头。有时候，一个不经意的拥抱，就会融化误会的冰雪，也会拯救一颗受伤的心灵。

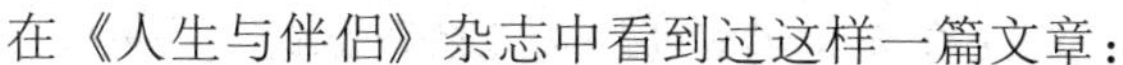

在《人生与伴侣》杂志中看到过这样一篇文章：

有一个在电视台工作的记者，台里准备在世界艾滋病日策划一个节目，他自告奋勇扮演艾滋病患者。去年12月1日上午，他来到胜利路步行街，选了一个最显眼的位置站住，这里是南昌市最繁华的商业街，人气旺盛。他在胸前挂了一块牌子，上面写着几个大字："我是艾滋病患者，你可以拥抱我吗?"摄像机远远地隐蔽在一个角落里。他当街一站，立刻吸引了不少行人围观，当那些好奇的目光触及"艾滋病"三个字时，哗的一下四散而逃，有人甚至捂着嘴巴一路小跑。朋友早有心理准备，依然表情自然，不卑不亢。

不断有人从他身边走过，好奇地看看他胸前的牌子，立即掉头就走。两个小时过去，竟没有一个人敢上去拥抱他，渐渐地，他挺不住了，开始主动劝说行人："抱抱我吧，与艾滋病人正常交往是没有危险的。"人们却逃得更快了。

阳光灿烂，街上人潮汹涌，他孤零零地站在大街上，仿佛被这个世界彻底遗弃了。那一双双冷漠的眼神，令他不寒而栗，他甚至忘了自己其实是个"演员"。

终于，一个穿风衣的中年男人走到他跟前，看了看牌子，没有说话，张开双臂深深地拥抱了他，然后又拍拍他的肩。"谢谢！"朋友满怀感激地道谢，莫名其妙地，汹涌的泪水忽然决堤而出，仅仅是一个无声的拥抱，竟让这个七尺男儿当街大哭。过了一会儿，一对年轻的情侣走过来，分别上来拥抱了他，然后手拉着手走了。拥抱，一个，又一个……

那天，朋友最终是带着笑容离开的。

事后谈起这次经历，那位记者仍有些不好意思："说来惭愧，起初我只是觉得有趣才去的，根本没想到自己会哭。打我记事起从没流过一滴眼泪，但是那天，当我获得第一个陌生人的拥抱时，泪水实在无法控制。那种感觉，你没有亲身体验过，是无法想象的。”

灾难固然难以承受，但比灾难本身更可怕的，是旁观者的冷漠。所以，在别人需要的时候，我们主动伸出双手，给对方一个拥抱，你的温暖就有可能将一个在苦难中挣扎的人带出悬崖。

在生活中，难免会发生自己的利益与别人的利益相冲突的时候。虽然社会的现实常常伤害到我们，让我们“不得已”变得冷漠、变得强硬，但不是所有人都希望以伤害对方为手段而获利，这其中也包含了很多苦衷和误解。所以，不要总是用冷漠来武装自己，也不要总是以强硬的手段来证明自己的强悍，适时对别人表示你的友善，相信人们的心中就会常存温暖。

## 唠叨是好人缘的致命伤

在现实生活中，很多人都是人群中的活跃者，他们喜欢以自我为中心，在喋喋不休之中让自己占尽了“风头”，而忽视了别人也有谈吐的欲望，别人也渴望交流。最终，在有意无意间，令人感到压抑和被忽视。他们伤害了别人，自己不会得到好人缘。

还有一些人，总是将自己的生活泡在“苦水”里。生活中，无论大事还是小事，都能给他们带来很多痛苦，他们将这些痛苦不断地向别人倾诉、向别人抱怨。

柔弱无助的人总是会引起别人的同情及保护欲望，但凡事都应有个限度。反复重复自己的不幸，这样做就不像一个年轻人应有的柔韧，反而如同一个自怨自艾的老人。或者，更形象一点地说，像“祥林嫂”，不停诉说自己的不幸遭遇，得到的只是看客悲剧心理的满足和饭后的谈资以及别人对你的厌烦。

开始时，王艳向别人推销时总是赖在别人面前不走，直到把对方累垮，但是业绩却毫无起色。久而久之，她对自己的推销能力产生了怀疑。后来在别人的帮助指点下，她决定："并不一定要向每一个我拜访的人推销保险。如果推销的时间超过预订的长度，我就要转移目标。为了不使别人讨厌，我会很快离开，即使我知道如果再磨下去他很可能会买我的保险。"

谁知这样做竟然产生了奇妙的效果："我每天的成交量开始大增。还有，有些人本来以为我会磨下去的，但当我愉快地离开他们之后，他们反而会到另一间办公室来找我，并且说：'你不能这样对待我，居然不再跟我说话就走了。你回来让我填一份保险单。'"

俗话说："话多不如话少，话少不如话好。"不要一上来就开始你的"牢骚"，唠叨往往是好人缘的致命伤，也会给别人的心情带来很不好的影响。如果有什么不满的地方，尽量先创造一个尽可能和谐的气氛。做错事的一方，一般都会本能地有种害怕被批评的情绪。如果很快地进入正题，被批评者很可能会产生不自主的抵触情绪。即使他表面上接受，却未必表明你已经达到了目的。所以，先让他放松下来，然后再开始你的"慷慨陈词"。

沟通不是一件容易的事情。人是复杂多样的，各有各的癖好，各有各的脾性，跟自己气味相投的人在一起就舒服惬意，话很多；一遇见气味不投的人，就感觉别扭，不想开口。所谓"酒逢知己千杯少，话不投机半句多"就是这种情形的写照，但是，真正投机的人又有多少呢？所以，一般人就有"知己难得"的感叹。

但是，善于跟别人交谈的人是很善于适应别人的。只有把话说到对方的心坎上，才能给交际架起绚丽的彩桥。

# 你是否还在喋喋不休

小张曾与一位公关公司的女总经理洽谈业务。这位女总经理长得蛮漂亮，业务亦是做得响当当的，经常在海峡两岸跑，可是当她话匣子一打开，就滔滔不绝，如黄河决堤，一发不可收拾。小张虽亦是业务口才高手，但想插几句话，却始终苦无机会。这位女总经理兴致高昂地叙述她两岸的公关事业是如何蓬勃，小张则两手在餐桌上玩弄着吸管，心中觉得十分无趣。30分钟后，小张终于鼓起勇气对这女总经理说："对不起，待会儿我还有事，我先走了！"

你瞧，喋喋不休肯定会把人给说跑了。

生活中，你不能喋喋不休，说个没完没了。如果你是一位女性，尤其应该对此引起重视，因为你更易犯下这一错误，而且这一弱点危害甚重，直接影响或危及你的说服效果。历史上很多人之所以不善说服与其喜欢喋喋不休不无相关。所以，如果你想让自己获得成功，也想得到他人尊重，那就从现在开始——不再唠叨！

大多数的交谈模式是由一个人说话，另外的人则在等待轮到自己说话的时机。所以，有许多等待说话的人完全没有用心听对方说话，因为他不是在暗暗地想着自己的心事，就是在等着要发言。

"听"和"闻"，在意志力的行使方面，有着微妙的差异。"听"，名副其实是通过一个人的听觉，察觉出声音；而"闻"是为了解声音的涵义，有全神贯注倾听的意义。

若只是"听"，就不必过于努力。但若是"闻"，就必须使之发生作用。每个人多少都患有全神倾听却精神涣散的毛病。如果不注意倾听说话的内容，往往只是茫然地附和着对方音调的高低起伏。

事实上，听者的神态，尽在说者的眼里。如果你是认真地倾听，自然能给予说话的人肯定的反馈（鼓励）。对方会认同你是一个理想的倾听者。做一个忠实的听众，就是拥有了掌握人心的强劲武器。

有这样一个故事，有一天，猫妈妈对她的小猫说："宝贝，你要开始独立生活了，你要学会捕食，这样才能生存下去。"可是小猫不晓得该去捕什么东西吃，于是它就问妈妈，请妈妈来告诉它。猫妈妈说："我先不告诉你，你接连几晚上待在人家的屋檐下或是房梁上，你仔细地听就会明白的。"于是小猫就听妈妈的话乖乖地待在那里，果然晚上听见一个人对另一个人说："哎，你把厨房的门关上了没有，猫的鼻子可尖了，小心她把鱼叼走了哈。"于是小猫就知道鱼是它们的最爱吃的食物，第二天晚上小猫又听见一个女人对一个男人说："哎，你把香肠挂起来了没有，小心被猫叼走。"于是小猫知道了香肠也是它们的食物，这样一连几天，小猫知道了很多它们爱吃的东西，它很高兴，对妈妈说："哦，原来听一听别人的话就能知道很多的知识呢，我以后一定要多听别人说的话呢。"由此可见，倾听的重要。

同时认真地倾听比向别人喋喋不休地倾诉更容易交到朋友。只有你闭上你的嘴巴，听别人与你讲话，你才是真正尊重和重视对方，那你也一定会得到对方情感上的回报。用心认真地倾听别人的诉说，能使对方很容易地喜欢上你，并成为你的朋友。做一个好的倾听者，会使你事业成功，也会使你交到朋友。跟你谈话的人对他自己需求的问题比你需求的问题感兴趣千百倍，当你下次与人交谈时千万别忘了这一点。当你在认真地聆听别人讲话时，你实际上在推销你自己。你的认真、你的全心全意、你的鼓励和赞美都会使对方感到你在尊重他、帮助他，当然你也会得到好的回报。

有的人能认真倾听别人的谈话，经常用这样一些话来附和："噢，是那样啊”或“那可是个有趣的话题”，并适时提问一些相关的问题，这是交谈所必备的。

和这样的人交谈自然会热情高涨，交谈结束之后会有一种爽快的心情，因为他能认真地听你说你想要说的话题。

交谈时，说者和听者双方互相配合，才能使话题顺利地进行下去。

交谈方法和语言表达是紧密联系在一起的，注意听别人的谈话是建立良好人际关系的秘诀。

# 第五章

# 职场生存，
# 包容是成功的黄金法则

·第一节·

# 包容下属，柔性管理的力量

## 宽待下属，制造向心效应

宽容，应该是每一个领导应具备的美德。没有一个下属愿意为斤斤计较、小肚鸡肠，对犯一点小错就抓住不放，甚至打击报复的领导卖力办事。

原谅下属的非原则过失，这是一种重要的笼络手段。对那些无关大局之事，不必同下属锱铢必较，当忍则忍，当让则让。要知道，对下属宽容大度，是制造向心效应的一种手段。

汉文帝时，袁盎曾经做过吴王刘濞的丞相，他有一个侍从与他的侍妾私通。袁盎知道后，并没有将此事泄露出去。有人却以此吓唬侍从，那个侍从就畏罪逃跑了。袁盎知道消息后亲自带人将他追回来，将侍妾赐给了他，对他仍像过去那样倚重。

汉景帝时，袁盎入朝担任太常，奉命出使吴国。吴王当时正在谋划反叛朝廷，想将袁盎杀掉。他派五百人包围了袁盎的住所，袁盎对此事却毫无察觉。恰好那个侍从在围守袁盎的军队中担任校尉司马，就买来两百坛好酒，请五百个兵卒开怀畅饮。兵卒们一个个喝得酩酊

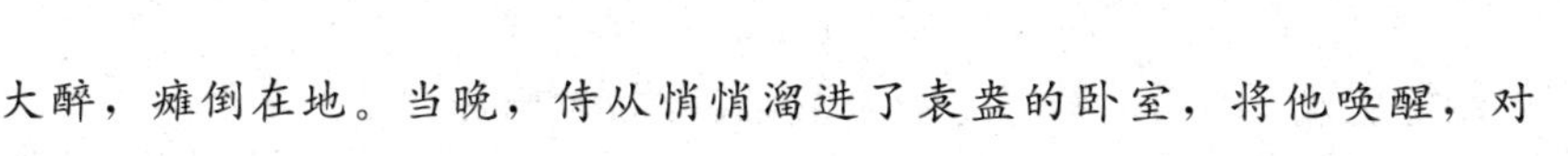


大醉，瘫倒在地。当晚，侍从悄悄溜进了袁盎的卧室，将他唤醒，对他说："你赶快逃走吧，天一亮吴王就会将你斩首。"袁盎大惊，赶快逃离吴国，脱了险。

从这个故事中，我们不仅看到了袁盎的宽宏大度，远见卓识，也可以洞悉他驾驭部下的高超艺术。

公元200年，曹操与实力最为强大的北方军阀袁绍相抗于官渡，袁绍拥众十万，兵精粮足，而曹操兵力只及袁绍的十分之一，又缺粮，明显处于劣势。当时很多人都以为曹操这一次必败无疑。曹操的部将以及留守在后方根据地许都的好多大臣，都纷纷暗中给袁绍写信，准备在曹操失败后归顺袁绍。

相距半年多以后，曹操采纳了谋士许攸的奇计，袭击袁绍的粮仓，一举扭转了战局，打败了袁绍。曹操在清理从袁绍军营中收缴来的文书材料时，发现了自己部下的那些信件。他连看也不看，命令立即全部烧掉，并说："战事初起之时，袁绍兵精粮足，我自己都担心能不能自保，何况其他人！"

这么一来，那些动过二心的人便全都放心了，对稳定大局起了重要的作用。

这一手的确十分高明，它将已经开始离心的势力收拢回来。不过，没有一点气度的人是不会这么干的。原谅下属的过失，让下属知道你的胸怀大度，他会情愿为你做任何事。

## 以高姿态对待下属的顶撞

"宰相肚里能撑船"不是一句虚话，但凡真正的大人物，都有相对广阔的胸襟。斤斤计较之辈，一般难有太大的出息。

领导归根结底是对人的领导，只有自己对人性的理解全面时，才能把握好人才。南怀瑾先生在与彼得·圣吉谈管理的时候，曾经说："想做个领导者，你必须是个真正的人，你必须先认识生命真正的意义。"领导者要成为一个真正的人，必须要有博大的胸襟。一个胸襟宽广的人，才能不被狭隘偏私所限制，才能认识生命真正的意义，成为识人才的伯乐，眼光高远，千金买马骨。

世界上最缺的是什么？人才！无论在什么时代，人才永远都是最重要的。优秀的领导者对人才总有一种极度的渴望，就像曹操在诗中所说："青青子衿，悠悠我心。但为君故，沉吟至今。"人才难得，所以很多政治家对冒犯自己的人才往往能既往不咎，收为己用。这也是他们能成就霸业的关键。

齐桓公即位后，即发令要杀公子纠，并把管仲送回齐国治罪。因为管仲做公子纠的师傅时，想用箭射死齐桓公。结果齐桓公假死逃过一劫。管仲被关在囚车里送到齐国。鲍叔牙立即向齐桓公推荐管仲。齐桓公气愤地说："管仲拿箭射我，要我的命，我还能用他吗？我恨不得杀之而后快！"鲍叔牙说："以前他是公子纠的师傅，所以他用箭射您，这不正好体现了他对公子纠的忠心吗？而且要是论起本领来，他比我强多了。主公如果要干一番大事业，我看管仲可是个用得着的人。"

齐桓公是个豁达大度的人，听了鲍叔牙的话，不但不治管仲的罪，还立刻任命他为相，让他管理国政。管仲帮着齐桓公整顿内政，开发富源，大开铁矿，多制农具，后来齐国越来越富强了。

齐桓公既往不咎，原谅了管仲的冒犯，原因在那儿呢？一是各为其主；二是管仲确有大才。还有最重要的一点是齐桓公确实是一个有胸襟的人。化敌为友，使其成为自己最得力的干将，这是古代领导者常见的戏码。对于现代人来说，能原谅下属对自己偶尔的冒犯就很难得了。

对领导者而言，下属首先是个人，是人就有小毛病，可能还会犯点小错误，这都是很正常的。因此，宽容地对待下属和员工，这是每一个领导者应具备的美德。

尽可能原谅下属不经意间的冒犯，这是获得下属好感的有效手段。在不关乎原则的前提下，领导应当“得过且过”，不可同下属斤斤计较。

《孙子兵法》里最妙的要数“攻心”。而要攻心，就非得有一颗“有容乃大”的心，能原谅下属偶尔的冒犯。很多有大才的人，都是不拘小节的，他们不遵循社会上的规则，我行我素，不买领导的账，在领导面前也是腰板挺得直直的，偶尔会毫不客气地顶撞。如果领导不能容忍这样的冒犯，那很可惜，他会因此错失某些真正的人才。

## 有张有弛，驾驭人才的刚柔策略

曾国藩的手下，可算是能人辈出。可是，这些能人聚在一起，惹出的麻烦事也是难处理的。

在镇压太平军的过程中，曾国藩手下的部队是由他自己的湘军、李鸿章的淮军和一部分绿营兵组成的。淮军中有一个将领，叫作刘铭传，作战十分英勇，他率领的“吉字军”屡屡立下战功。但是由于他的部队配备精良，也常常引起别的将领的嫉妒。

这不，清军将领陈国瑞就趁着刘铭传离开营地的时候，带了百十个绿营兵，冲进了“吉字营”，不仅杀死了二三十个淮勇，还抢走了三百多条新式洋枪。陈国瑞还趁机溜进了刘铭传的屋子里，偷偷拿走了他的长枪和古铜盘。

刘铭传回来以后，疯了似的带领五百个淮勇，去找陈国瑞报仇。他们打死了四五十个绿营兵，夺回来被抢去的武器，但是那个古铜盘一直没能找到。

这件事很快就传到了曾国藩的耳朵里。他听说自己人打自己人，顿时气不打一处来。可是，刘铭传和陈国瑞都是难得的将才，特别是太平天国运动还没有平息，如果这个时候处理不好此事，无疑会影响整个战事。

想那陈国瑞，最初曾经参加太平军与清廷作对，后来投降了清军，成为蒙古王爷手下的一员大将。蒙古王爷死后，他跟了曾国藩。曾国藩哪里会不知道，陈国瑞是个烈性子，即使是蒙古王爷，也要敬他三分的。可是，这件事情毕竟是他不对在先，如果不给予严处，那么以后将不能服众。

曾国藩想了想，把陈国瑞叫来，先给了他一个下马威："你以前是太平军的人，杀害了我大清多少将士，这笔账似乎还没算清楚吧？"陈国瑞什么都不怕，就怕别人提他这段"不光彩"的过去，所以一句话也没敢说。曾国藩见起了效果，就温和下来说："我知道你作战勇敢，是一个很难得的人才。"陈国瑞见曾国藩缓和了下来，就放松了许多。曾国藩在闲谈之中，让他以后不许欺压百姓，不许再在营中械斗。陈国瑞马上答应了。

可是，对待陈国瑞这样的人，只有宽容是不行的。他跟曾国藩达成的协议，回到营里马上就忘了。曾国藩一见，立即奏请皇上撤了陈国瑞的官职，给了他很严厉的制裁，终于陈国瑞不敢再放肆了。刘铭传也在这件事情上受到了教训，他原以为曾国藩会拿他开刀，必定会严惩他，可是曾国藩只骂了几句，就没再说什么。他自然感觉到曾国藩对他的宽容，十分感激曾国藩。从此，再也不敢惹事了。

身为领导，曾国藩深深明白，如果不能很好地管理手下，放任他们，那么迟早有一天会闯出大祸的。但是，并不是所有犯错的人都适合严惩，有时候过重的惩罚往往会刺激一个人的自尊心，激发他的反叛心理，反而会起到相反的效果。但是，一味地宽容，也是不可取的。

凡成大事的人，都善于利用有张有弛的管理办法，就如同放风筝一样，觉得拉得太紧，就要学会放松，如果太松了，又要往回收线。只有张弛有度，才能把握全局，人心归附，成就大事。

对待不同的人，采用不同的管理策略。一个领导者，首先要了解自己的下属，知道他们是什么样的人，要用什么样的方法才能让他们发挥出最大的优势。在这一点上，我们不妨借鉴一下克劳利的方法：

在克劳利任段长期间，一次差点出了大事故。有两个工程师，他们都在铁路上服务了很长时间，但就是这样的两个人犯下了大错：由于他们的疏忽，两列火车差点迎头撞上。这么严重的失误是无可推诿的，上司命克劳利解雇这两名员工，但是克劳利持反对意见。“像这样的情况，应当给予相当的考虑，”他反对说，“确实，他们的这种行为是不可宽恕的，是理应受到严厉惩罚的。你可以对他们进行严厉的处罚和教育，但是不可剥夺他们的位置，夺去他们唯一可以为生的职业。总的看来，这些年，他们不知创造了多少好成绩，为铁路事业的发展立下了不少汗马功劳。仅仅由于他们这次的疏忽，就要全盘否定他们以前的功绩，未免太不公平了。你可以惩治他们，但是不可以开除他们。如果你一定要开除他们的话，那么，就连我也一并开除吧。”结果克劳利取得了胜利，两名工程师被留了下来，后来他们都成了忠诚而效率极高的员工。

很多人都觉得，只要对下属严格，就一定能让他们信服自己。其实未必是这样的。有的人性格比较叛逆，管得太严了，反而会产生相反的效果；有的人缺乏自觉性，如果不严加管理，就可能因为粗心大意而闯下大祸。所以，管理者要看自己的下属是怎样的人，然后再采取相应的管理策略。

## 广开言路，不可独断专行

独断专行，表面上看是领导者的强大，实际上是弱智无能的体现。平心而论，是哪些领导者喜欢独断专行，听不进别人的意见呢？恰恰不是办事干练、富有智慧的强者，而是头脑简单、经验不足、尚不成熟的弱者。

项羽之所以落得个乌江自刎的境地，其实与他的独断专行有很大关联。

当年项羽在鸿门摆下了鸿门宴，邀请刘邦赴宴，他就犯了一个独裁的老毛病，他没有在事前进行周密的部署，也没有与大家进行很好的商量，更没有在自己的高层领导干部里面统一思想，达成共识，以致项伯和自己的左右手、重要谋士范增做出了不同的反应。

尽管范增再三举起了自己的佩玉，暗示项羽要下定决心，机不可失，时不再来。但是，由于项羽始终犹豫不决。范增发现了项羽下不了决心，就私自找了项庄进入酒宴，以舞剑为名借机刺杀刘邦。这也是成语“项庄舞剑，意在沛公”的由来。然而，项伯也拔出了自己的佩剑与项庄一起对舞，以此来保护刘邦，最终使刘邦全身而退。项羽的独断专行使其失去了灭掉刘邦的最好机会。

通过这个事例，创业者可以明白一个道理——个人英雄主义是难成大事的。不管一个领导的个人能力多么强，要想保证自己的集团的目标可以实现、保证自己的集团利益，就必须在重大的事件上面与自己的搭档和员工达成共识，广泛听取各个方面的意见，绝不能独断专行。

群体决策是避免决策误区、避免决策失败的预防针。顾名思义，群体决策机制就是决策过程的广泛参与性，强调的是民主，不是一言堂，不是一人说了算。比如，在制订战略计划时，不仅是企业的高层全部参与，而且还要让那些与战略执行相关的人员参与进来，如战略的实施人员、相关领域的专家、各个部门的主管和代表等。群体决策机制带来的好处是，任何决策在产生的过程中就赢得了广泛的情感支持，任何参与决策和执行的人不会把决定看作是上级的指示，而是看作是“我们”共同的意见。

但是群体决策机制会带来的风险有三种：一是因为过于强调民主成分而使决策的形成过程成为平衡各家意见的过程，致使决策结果平庸化；二是因为过于鼓励发表不同观点而使决策会议上拉帮结派，使决策的讨论过程成为争权夺利的过程，降低了决策效率；三是决策过程越民主，决策的过程就越长，企业管理者很容易失去耐心，会轻而易举地出台决定，不仅使决策机制没有起到正向作用，反而出现了反作用。

虽然群体决策仍然存在缺点，但显然要比一个人独裁、单人负责拍板定案的方式稳妥得多。现代企业面临的是一个环境复杂而又变化多端的局面，要想在竞争激烈的商场中立于不败之地，就需要管理者提高决策的准确性和正确性。创业者要想最大限度地避免决策失误，就需要充分发挥集体智慧，建立科学的群体决策机制，以集体智慧来保证决策的成功。

群体决策的应用技巧：

(1) 群体决策执行效果随着年龄和职务升高而减弱，从年轻、低级人员中可得到较好的群体决策效果；

（2）5～11人的中等规模群体最有效，2～5人小规模群体较易取得一致意见；

（3）凡是平等排列座位、不突出领导的群体，做出的决策执行质量较高，所需时间较短；

（4）使成员成为评论者，对任何意见坦率开展评论，支持和保护持异议者表达其见解；

（5）将事情交付群体决策讨论时，不要在开始时表达倾向性意见；

（6）在决策执行中可指定一位或轮流担任“唱反调”的角色，展开类似辩论赛中正方、反方的辩论。

## 善于推功揽过

《菜根谭》中提到过：“完名美节不宜独任，分些与人可以远害全身；辱行污名，不宜全推，引些归己可以韬光养德。”推功揽过是中国的传统智慧，人性的弱点要求人们要有“推功揽过”的意识，领导者尤其如此。哈佛大学肯尼迪政治学院的哈斯教授说，要在一个组织内做好，一定要做到三点：推功、揽过和成人之美。

子曰：“孟之反不伐，奔而殿，将入门。策其马曰：‘非敢后也，马不进也！’”孔子在这里为我们描绘了一个生动的战场细节。在战场上打了败仗，哪一个敢走在最后面？孟之反则不同，叫前方败下来的人先撤退，自己一人断后，快要进到自己城门时，才赶紧用鞭子抽在马屁股上，赶到队伍前面去，然后告诉大家说：“不是我胆子大，敢在你们背后挡住敌人，实在是这匹马跑不动，真是要命啊！”

胜过周围的人时，不谦虚便容易招致嫉妒和怨恨。因此，孟之反善于立身自处，怕引起同事之间的摩擦，不但不自己表功，而且还自谦以免除同事间的忌妒，以免损及国家。

推功揽过是一种上升为道德的策略，一个优秀的领导者应当像孟之反一样，时刻体察自己周围的人，不揽功，不诿过，这样才能赢得下属的追随。完全归功于自己，是领导者很容易犯的错。任何工作，绝不可能始终靠一个人去完成，即使是一些微不足道的协助，也是尤为重要的。作为领导，当下属有功劳时，绝不可抹杀下属的努力，这是绝对要牢记的。

一个让下属放心追随的领导者，面对功劳时，不会独占；面对过错时，也不会全部归到下属身上。在人们眼里，即使领导没有过错，但他的下属犯错了，也等于他犯了错，犯了监督不力或用人不当的错。作为上司，在下属闯祸之后，不要落井下石，更不要找替罪羊，而应勇敢地站出来，实事求是地为下属辩护，主动承担责任，这样才能得到下属的拥戴，下属才会把他当成真正的靠山。

魏扶南大将军司马炎，命征南将军王昶、征东将军胡遵、镇南将军毌丘俭讨伐东吴，与东吴大将军诸葛恪对阵。毌丘俭和王昶听说东征军兵败，便各自逃走了。

朝廷将惩罚诸将，司马炎说：“我不听公休之言，以至于此，这是我的过错，诸将何罪之有？”雍州刺史陈泰请示与并州诸将合力征讨胡人，雁门和新兴两地的将士，听说要远离妻子打胡人，都纷纷造反。司马炎又引咎自责说：“这是我的过错，非玄伯之责。”

老百姓听说大将军司马炎能勇于承担责任，敢于承认错误，莫不叹服，都想报效朝廷。司马炎引二败为己过，不但没有降低他的威望，反而提高了他的声望。

那种不分青红皂白，无论下属的过错是否与自己有关都大发雷霆，不时强调“我早就告诉你要如何如何”或“我哪里管得了那么多”之类言语的领导们，不仅使下属更不敢于正视问题、不再感到丝毫内疚，而且避免不了下属大闹情绪，甚至永远不可能再拥戴他们。由此可知，领导者应该做的，是勇于承担责任，并将这种“揽过”的精神渗入每个人的心中。

## 引导下属进行良性竞争

水可以洗涤污垢，带来洁净与清新，持正治身，无心无为，合乎道性，一切都在正确的自然法则之中。管理者应效法水德，循道遵理，秉规持范，知时达物，治理有方，使团队得到良性发展。

管理者如何做到“政善治”呢？“以正治国，以奇用兵”。人力资源管理相当于治国，而非对外用兵，因此要以“正”治。在人力资源管理中的“以正治国”就要遵循“万物负阴而抱阳，中气以为和”的规律，采用中和之道。“和”是通过互相调和而达到和谐的意思。对人力资源管理而言，做到“中和”，就意味着善于抓住企业员工的心理特征、个性差异，调节员工之间的矛盾，使其达到一种和谐、统一、极具凝聚力的态势，使蕴藏在人力资源中的潜能与优势最大限度地得到发掘，同时彻底消除那些耗散人力的内部因素。每个领导者都明白下属之间总会存在竞争，但竞争分为良性竞争和恶性竞争，良性竞争可以提高下属的工作热情，提升工作业绩；恶性竞争会破坏组织成员之间的合作，造成“内耗”，严重的甚至会导致优秀人才的流失。要更好地激励下属工作，领导者就要遏制下属之间的恶性竞争，积极引导下属的良性竞争。心理学家认为，每个人都有自尊心和自信心，其潜在心里都希望“站在比别人更优越的地位上”，或“自己被当成重要的人物”，从心理学上来说，这种潜在心理就是自我优越的欲望。有了这种欲望之后，人类才会努力成长，也就是说这种欲望是构成人类干劲的基本元素。

这种自我优越的欲望，在有特定的竞争对象存在时，其意识会特别鲜明。

只要能利用这种心理，并设立一个竞争的对象，让对方知道竞争对象的存在，就一定能成功地激发起一个人的干劲。

被称为现代科学管理之父的德里克·泰勒在费城米德维尔钢铁厂当工程师时，管理自己的下属，就是用了“竞争”的方法。有一次他对一个一向很努力地熟练工人说：“杰克，为什么我叫你做的一件工作这么慢才做出来呢？你为什么不能像汤姆那样快呢？”

他对汤姆却这样说：“汤姆，你为什么不以杰克为榜样，像他那样做事很快呢？”

过了不久，汤姆因为公事出外旅行刚回来，泰勒便留下一张纸条叫他做好一个铸件，马上送到铁道开关及信号制造厂去。这个条子是星期六写的，但是星期日早上汤姆便把这件事办好了。星期日早晨，泰勒在制造厂里看见了汤姆便问：“汤姆，你看见我留下的纸条了吗？”

“看见了。”

“你何时去铸呢？”

“已经铸了。”

“啊，什么时候可以铸好呢？”

“已经铸好了。”

“真的吗？现在在哪里呢？”

“已经送到制造厂里去了。”

泰勒听了十分高兴。他看到这种用竞争的方法激励工头赶快做事的效果如此之好，实在感到很惊奇。而对汤姆来说，他看见上司泰勒那种嘉许的态度，自己也感觉非常快乐。

有时，竞争对象是不容易找到的，这时，你可以“设立”一个“竞争对象”。对于没干劲的下属，只要告诉他：“你和A先生两个人，成功是指日可待的。”就等于暗示了他竞争对手的存在。

日本有一家铸造厂的经营者经营了许多工厂，但其中有一个厂的效益始终徘徊不前，从业人员也很没干劲，不是缺席，就是迟到早退，交货总是延误。该厂产品质量低劣，使消费者抱怨不迭。虽然这个经营者指责过现场管理人员，也想尽办法，想激发从业人员的工作士气，但始终不见效果。

有一天，这个经营者发现，他交代给现场管理员办的事，一直没有解决，于是他就亲自出马了。这个工厂采用昼夜两班轮流制，他在夜班要下班的时候，在工厂门口拦住一个作业员，他问：“你们的铸造流程一天可做几次?”作业员答道：“6次。”这个经营者听完，一句话也不说，就用粉笔在地上写下“6”。紧接着早班作业员进入工厂上班，他们看了这个数字后，竟改变了“6”的标准，做了7次铸造流程，并在地面上重新写上“7”，到了晚上，夜班的作业员为了刷新纪录，就做了10次铸造流程，而且也在地面上写上“10”。过了一个月，这个工厂变成了他所经营的厂中成绩最高的。

这个经营者仅用一支粉笔，就提高了工厂的士气，而员工们突然产生的士气是从哪里来的呢？这是因为有了竞争的对手所致。作业员做事一向都是拖拖拉拉，毫不起劲，可在突然有了竞争的对象后，就激发起了他们的士气。

让下属被动地服从去实施决策目标，带来的结果只能是低效，甚至无效、负效。只有想方设法激励他们主动地去干，才能充分发挥人的主动性、创造性，获得高效益。

由此可见，良性竞争对于组织是有益处的，它能促进员工之间形成你追我赶的学习、工作气氛，大家都在积极思考如何提高自己的能力、如何掌握新技能、如何取得更大的成绩……这样一来公司组织成员之间的凝聚力和工作热情就会大大提高。

## 别让员工因你的责备而如坐针毡

兵器，是不吉祥的器具，人们通常都厌恶它，因此有道的人远离而不用。这个思想对于今天的管理者来说，有这样的意义：领导者要想获得成功，就必须慎用管理学意义上的“兵事”——责备。

员工在紧张状态下工作，工作效率一定会受到影响。公司管理者不是老虎，所以一定要摒弃掉老虎像，不要让员工在你面前忐忑不安，如坐针毡。企业管理者不应该使员工长期处在很大的压力下工作，而应设法调动其积极性，使其把工作当成一种享受，主动、快乐、创造性地工作。

一家著名的制药工厂召开管理人员会议，会议的主题是“关于人才培训的问题”。会议一开始，总经理就用他那铿锵有力的声音提出意见：“我们公司根本没有发挥人才培训的作用，整个培训体系如同摆设，虽然现在有新进员工的职前训练，但随后的在职进修却成效甚微。员工们只能靠自己的摸索来熟悉自己的工作，因而造成公司的员工素质普遍低下、效率不高，很难与公司的发展需要相适应。”总经理的话让大家觉得很不安。这个会议本来是为了讨论如何改进培训制度的会议，但是由于总经理一上来就责备大家，所有参会的管理者都明哲保身，集体保持沉默。

最终这个会议没有结果。几日后，公司副总经理重新把公司管理人员召集在一起。他并没有向总经理那样采用责备的口气，而是用一种协商的语气同大家沟通。他说："这半个月我对公司的员工培训进行了抽样调查，结果发现它真的没有发挥其应有的功效。所以，今天召集大家开会是想讨论一下应该怎样改变目前人才培训的方法。请大家集思广益、畅所欲言吧！"副总经理的话一出口，大家就你一句、我一句地提建议，很快通过了改进决议。

由此，我们可以看到，当员工做错了某件事的时候，公司管理者的指责可能是必要的，指责的目的是唤起员工的责任心，让他改正缺点，在他脑子里形成一种警诫，使他们以后不再犯同样或类似的错误。然而，并不是所有的批评都可以达到这样的目的，因为批评和被批评的过程通常不是在平心静气中进行的，并且当员工遭受到过多批评时情况更加糟糕。英国行为学家波特说过："当遭受许多批评时，下级往往只记住开头的一些，其余的就不听了，因为他们忙于思索论据来反驳开头的批评。"所以说，公司管理者不应该整天把员工的某个错误挂在嘴上，喋喋不休地反复唠叨。

人有被赞扬、被肯定的心理需要，最佳工作效率来自高涨的工作热情。在员工认识到自己的错误后，公司管理者应该立即结束批评。一般情况下，表扬、激励员工，效果可能比批评更好。在对员工提出批评的时候，最佳效果是让员工感到他们的确从批评中学到了东西。要着力去培养员工一种"对大局有利，对公司发展有利"的好思维方式。很难想象，一个对工作兴趣淡薄的人会全力以赴地投入工作，取得良好的工作效果。因而，作为公司管理者，要做的就是像对待朋友一样去对待员工。

一个成功的领导者，往往非常注重对犯错的员工进行开导，他们不会死死地将自己的目光锁定在员工的错误上，而是会慎用批评、质

问的语气。就连一向以节俭闻名于世的洛克菲勒都告诉世人，他的成功秘诀不完全只是依靠自己的“吝啬”，更重要的是他从来不会在员工犯错之后，只是盯着他们的错误没完没了地指责。爱德华·贝佛是洛克菲勒的一位生意合伙人，由于一时大意，爱德华·贝佛在南美经营一桩生意时出了差错，使公司在一夜之间损失近百万美元。差不多所有的人都认为，贝佛一定会遭到洛克菲勒的痛斥。没想到最后洛克菲勒只是对他说：“恭贺你保全了我们全部投资的60%，这很不错，我们没有办法做到每次都这么幸运。”

事后的责备并不是最重要的，有时候它根本毫无用处，重要的是人的心灵和未来。只有不够聪明的人才毫无止境地指责和抱怨他人。企业管理者应该关注的是员工的未来工作，而不是抓住过去的错误不放手，只有这样，才能达到无往不利的绝妙效果。如果随意滥用职权去责备、惩罚员工，不仅会滋长管理者的骄纵情绪，而且会极大地伤害员工的感情，使自己变成一个失去民心的“暴君”式领导者。

## ·第二节·

# 感谢职场中折磨你的人

## “蘑菇经历”是一笔宝贵的人生财富

人不可能一出生就在聚光灯下成长，很多成功人士都有一段蛰伏地下的艰难岁月，正像蘑菇一样，那段岁月对成功者而言是一笔宝贵的财富。

蘑菇长在阴暗的角落，得不到阳光，也没有多少肥料，自生自灭，只有长到足够高的时候才开始被人关注，可此时它自己已经能够接受阳光了。

“蘑菇定律”就是据此而来，是大多数组织对待初入门者、初学者的一种管理原则。据说，它是20世纪70年代由一批年轻的电脑程序员“编写”的（这些天马行空、独往独来的人早已习惯了人们的误解和漠视，所以在这条“原则”中，自嘲和自豪兼而有之）。该原则的大意是：初学者一般像蘑菇一样被置于阴暗的角落（不受重视的部门，或打杂跑腿的工作），头上浇着大粪（无端的批评、指责、代人受过），只能自生自灭（得不到必要的指导和提携）。

如果你刚进入社会不久，或仍对那个时期记忆犹新，相信这一条“蘑菇管理原则”一定会让你发出会心而苦涩地一笑。的确，绝大多数初出茅庐的年轻人都有过一段“蘑菇”经历，总之，那是一段很不愉快的日子。

“蘑菇经历”是事业上最为漫长的磨炼，也是痛苦的磨炼之一，它对人生价值的体现起到至关重要的作用。经过这个阶段的磨炼，你就会熟练地掌握当前从事工种的操作技能，提升一些为人处世的能力，以及培养挑战挫折、失败的意志，这也是最重要的。诸多能力的具备，为你将来职业的顺利发展铺平了道路。

从这个意义上来说，“蘑菇经历”是人生的一笔宝贵财富，只有经受这个阶段的磨炼，你才能深刻地领悟这句话的含意。

但是，不愉快的事情并不是生命中的厄运。从某种意义上讲，让自己做上一段时间的“蘑菇”，可以消除自我不切实际的幻想，从而使自己更加接近现实，更实际、更理性地思考问题和处理问题，对人的意志和耐力的培养有促进作用。但用发展的眼光来看，“蘑菇管理”有着先天的不足：一是太慢，还没等它长高长大，恐怕疯长的野草就已经把它盖住了，使它没有成长的机会；二是缺乏主动，有些本来基因较好的“蘑菇”，一钻出土就碰上了石头，因为得不到帮助，结果胎死腹中。如何让他们成功地走过生命中的这一段，尽快吸取经验、成熟起来，这是我们所应当考虑的问题。

因此，如果你现在感到自己被埋没而没有出人头地，那你一定不要悲哀，把这段“蘑菇经历”当作人生的一笔宝贵财富来珍藏，对你的一生都大有裨益。

## 人生总是从寂寞开始

每个想要突破目前的困境的人首先都需要耐得住寂寞，只有在寂寞中才能催生一个人的成长。

曾有人在谈及寂寞降临的体验时说：“寂寞来的时候，人就仿佛被抛进一个无底的黑洞，任你怎么挣扎呼号，回答你的，只有狰狞的空间。”的确，在追寻事业成功的路上，寂寞给人的精神煎熬是十分厉害的。想在事业上有所成就，自然不能像看电影、听故事那么轻松，必须得苦修苦练，必须得耐疑难、耐深奥、耐无趣、耐寂寞，而且要抵得住形形色色的诱惑。能耐得住寂寞是基本功，是最起码的心理素质。耐得住寂寞，才能不赶时髦，不受诱惑，才不会浅尝辄止，才能集中精力潜心于所从事的工作。耐得住寂寞的人，等到事业有成时，大家自然会投来钦佩的目光，这时就不寂寞了。而有着远大志向却耐不住寂寞，成天追求热闹，终日浸泡在欢乐场中，一混到老，最后什么成绩也没有的人，那就将真正寂寞了。其实，寂寞不是一片阴霾，寂寞也可以变成一缕阳光。只要你勇敢地接受寂寞，拥抱寂寞，以平和的爱心关爱寂寞，你会发现：寂寞并不可怕，可怕的是你对寂寞的惧怕；寂寞也不烦闷，烦闷的是你自己内心的空虚。

曾获得奥斯卡最佳导演奖的华人导演李安，在去美国念电影学院时已经26岁，遭到父亲的强烈反对。父亲告诉他：纽约百老汇每年有几万人去争几个角色，电影这条路走不通的。李安毕业后，7年，整整7年，他都没有工作，在家做饭带小孩。有一段时间，他的岳父岳母看他整天无所事事，就委婉地告诉女儿，也就是李安的妻子，准备资助李安一笔钱，让他开个餐馆。李安自知不能再这样拖下去，但也不愿拿丈母娘家的资助，决定去社区大学上计算机课，从头学起，争取可以找到一份安稳的工作。李安背着老婆硬着头皮去社区大学报名，一天下午，他的太太发现了他的计算机课程表。他的太太顺手就把这个课程表撕掉了，并跟他说：“安，你一定要坚持自己的理想。”

因为这一句话，这样一位明理聪慧的老婆，李安最后没有去学计算机，如果当时他去了，多年后就不会有一个华人站在奥斯卡的舞台上领那个很有分量的大奖。

李安的故事告诉我们，人生应该做自己最喜欢最爱的事，而且要坚持到底，把自己喜欢的事发挥得淋漓尽致，必将走向成功。

你的生命是有限的，但你的人生却是无限精彩的。也许你会成为下一个李安。

但你需要耐得住寂寞，7 年，你等得了吗？很有可能会更久，你等得到那天的到来吗？别人都离开了，你还会在原地继续等待吗？

一个人想成功，一定要经过一段艰苦的过程。任何想在春花秋月中轻松获得成功的人距离成功遥不可及。这寂寞的过程正是你积蓄力量，开花前奋力地汲取营养的过程。如果你耐不住寂寞，成功就不会降临于你。

## 以高标准要求自己

人永远都不能满足于现状，你只有不断砸烂差的，才能创造更好的，才能无限地接近完满。

成功的人往往都是一些不那么“安分守己”的人，他们绝对不会因取得一些小小的成绩而沾沾自喜，眼前那点小成就会阻碍你继续前行的脚步。因此，只有砸烂差的，才能创造更好的。

一位雕塑家有一个 12 岁的儿子。儿子要爸爸给他做几件玩具，雕塑家只是慈祥地笑笑，说：“你自己不能动手试试吗？”

为了制好自己的玩具，孩子开始注意父亲的工作，常常站在大台边观看父亲运用各种工具，然后模仿着运用于玩具制作。父亲也从来不向他讲解什么，放任自流。

一年后，孩子好像初步掌握了一些制作方法，玩具造得颇像个样子。这样，父亲偶尔会指点一二。但孩子脾气倔，从来不将父亲的话当回事，我行我素，自得其乐。父亲也不生气。

又一年，孩子的技艺显著提高，可以随心所欲地摆弄出各种人和动物形状。孩子常常将自己的“杰作”展示给别人看，引来诸多夸赞。但雕塑家总是淡淡地笑，并不在乎似的。

忽然有一天，孩子存放在工作室的玩具全部不翼而飞，他十分惊疑！父亲说：“昨夜可能有小偷来过。”孩子没办法，只得重新制作。

半年后，工作室再次被盗！又半年，工作室又失窃了。孩子有些怀疑是父亲在捣鬼：为什么从不见父亲为失窃而吃惊、防范呢？

偶然一天夜晚，儿子夜里没睡着，见工作室灯亮着，便溜到窗边窥视：父亲背着手，在雕塑作品前踱步、观看。好一会儿，父亲仿佛做出某种决定，一转身，拾起斧子，将自己大部分作品打得稀巴烂！接着，将这些碎土块堆到一起，放上水重新和成泥巴。孩子疑惑地站在窗外。这时，他又看见父亲走到他的那批小玩具前，只见父亲拿起每件玩具端详片刻，然后，父亲将儿子所有的自制玩具扔到泥堆里搅和起来！当父亲回头的时候，儿子已站在他身后，瞪着愤怒的眼睛。父亲有些羞愧，温和地抚摸儿子的脸蛋，吞吞吐吐道：“我……是……哦，是因为……只有砸烂较差的，我们才能创造更好的。”

10年之后，父亲和儿子的作品多次同获国内外大奖。

父亲不愧是位雕塑家，他不但深谙雕塑艺术品，更懂得雕塑儿子的“灵魂”。

每一个渴望出人头地的人都必须谨记：只有不断砸烂较差的，你才能完全没有包袱，创造出更好的，走上成功的殿堂。

# 耐心地做你现在要做的事

每个人都会有一段蛰伏的经历，在为成功而默默奋斗。这个时期，你需要的不是浮躁和怨天尤人，而是耐心地做好你现在要做的事。

每个夏天，我们都能听到在高树繁叶之中蝉的清脆鸣叫，它们有透明的羽翼，在风中鸣叫很让人惬意。殊不知这些蝉一生中绝大部分岁月是在土中度过的，只是到生命的最后两三个月才破土而出。

人的生命历程其实也是这样，每一个希冀成功的人，也必须有长时间蛰伏地下的经历，好好磨炼自己，好好培养自己。

在一个学习班里，同学们讨论的主题是，一个人应当如何把他的热情投入到工作中去。这时一位年轻的妇女在教室后面举起手，她站起来说道：

“我是和我的丈夫一起到这里来的。我想如果一个男人把全部热情投入到工作中去也许是对的，但是对于一个家庭主妇说来却没有益处。你们男子每天都有有趣的新任务要做，但是家务劳动就无法相比了，做家务劳动的烦恼是单调乏味，令人厌烦。”

其实有许多人在做这种“单调乏味”的工作。如果我们能找到一种方法帮助这位少妇，也许我们就能帮助许多自认为自己的工作是单调乏味的人。

教师问她什么东西使得她的工作如此的“单调乏味”。她回答说：“我刚刚铺好床，床就马上被弄乱了；刚刚洗好碗碟，碗碟就马上被用脏了；刚刚擦干净了地板，地板就马上被弄得泥污一片。”她说，“你刚刚把这些事做好，这些事马上就会被人弄得像是未曾做过一样。”

教师说："这真是令人扫兴。有没有妇女喜欢做家务劳动？"她说："啊，有的，我想是有的。"

"她们在家务劳动中发现什么使得她们感到有趣、保持热情的东西没有呢？"

少妇思考了片刻回答道："也许在于她们的态度。她们似乎并不认为她们的工作是禁锢，而似乎看见了超越日常工作的什么东西。"

这就是问题的症结。工作满意的秘密之一就是能"看到超越日常工作的东西"，要知道你的工作是会取得成果的，这句话是对的。无论你是家庭主妇、秘书、加油站的操作员或者大公司的总经理，只要你把日常琐事看作是前进的踏脚石，你就会从中找到令人满意的地方。

作为一名没有成功的蛰伏者，你必须调节好你的心态，要在日常工作中"看到超越日常工作的东西"，耐心地做好你现在要做的事，脚踏实地前进。终有一天，成功会降临到你头上。

## 学会必要的忍耐

美国第三任总统杰弗逊在给子孙的告诫中有一条是："当你气恼时，先数到 10 后再说话；假如怒火中烧，那就数到 100。"

生活中，在遇到一些不顺心和不如意的事情时，我们的情绪往往会被超常激发起来，陷入激动、委屈、不安等精神状态中。此时最容易被情绪操纵，不顾理智做出鲁莽之事。"忍一时风平浪静，退一步海阔天空"，在这个时候，务必要记住"忍耐"二字。强制自己把心情平静下来，认真选择利最大、弊最小的做法，以求达到在当时可能取得的最好效果。

作为命运的主宰者——人，我们应该学会忍耐，因为它常会让我们有意想不到的收获。人在现实中生活，犹如驾一叶扁舟在大海中航行，巨浪和旋涡就潜伏在你的周围，可能会随时袭击你，因此，你要当个好舵手，同时还得具有克服艰难的毅力和勇气，设法绕过旋涡，乘风破浪前进。换言之，忍耐也是面对磨难的一种手法，以不变应万变；忍耐更是一种力量，它能磨钝利刃的锋芒。但忍耐不是软弱，不是退却，也不是背叛，而是以退为进的策略，是求同存异，是寻找合作。

现在大家都知道俞敏洪是千万富豪、亿万富翁，但又有谁知道俞敏洪这样一类创业者是怎样成为千万富翁、亿万富翁的呢？他们在成为千万富翁、亿万富翁的道路上，付出了怎样的艰辛，付出了怎样的努力，忍受了多少别人不能够忍受的屈辱、憋闷、痛苦，有多少人愿意付出与他们一样的代价，获取与他们今天一样的财富？

当你不愿让命运来主宰你的一切，但又没有反击命运的能力时，切记，应学会忍耐！

忍耐是沉默，功亏一篑是因为不懂得忍耐的真正含义，而坚韧不拔地追求并排除万难有所超越则是忍耐的外延。实际上，忍耐是一种酝酿胜利的高超手段。忍耐实际上是一种动态的平衡，是一种形式的转换，不要被利益所陶醉，也不要因没有利益而悲伤。忍耐可以帮助我们摆脱烦恼，获得人生的真谛。

非洲的一位总统问一位友人有什么好经验，这位友人就说了一句话："忍耐。"忍耐不是目的是策略，是胜敌的关键所在，但一般人做不到。我们有时候不妨学一学鸵鸟，逆来顺受。但是，这不是教大家颓废，只是让大家学会忍让，为将来的爆发，也就是成功创造条件，同时它也可以为你提供丰富的经验。日常生活中，每一个人总会遇到他人的一些伤害，无缘由的中伤、诽谤……

百忍成钢，人生就像一个磨刀的过程，忍耐好比磨刀石。当心性修炼得清澈如镜，达到这种“不以物喜，不以己悲”的境界时，那就是我们历经千锤百炼的刀已炼成。

## 顾客把你磨炼成上帝的天使

不要厌烦顾客的折磨，通过顾客的各种各样的折磨，你的业务能力会得到不同程度的提高，这会为你今后的成功奠定坚实的基础。

阿迪·达斯勒被公认为是现代体育工业的开创者，他凭着不断的创新精神和克服困难的勇气，终身致力于为运动员制造最好的产品，最终建立了与体育运动同步发展的庞大的体育用品制造公司。

阿迪·达斯勒的父亲靠祖传的制鞋手艺来养活一家四口人，阿迪·达斯勒兄弟帮助父亲做一些零活。一个偶然的机会，一家店主将店房转让给了阿迪·达斯勒兄弟，并可以分期付款。

兄弟俩高兴之余，资金仍是个大问题，他们从父亲作坊搬来几台旧机器，又买来了一些旧的必要工具。这样，鲁道夫和阿迪正式挂出了“达斯勒制鞋厂”的牌子。

起初，他们以制作一些拖鞋为主，由于设备陈旧、规模太小，再加上兄弟俩刚刚开始从事制鞋行业，经验不足，款式上是模仿别人的老式样，种种原因导致生产出来的鞋销售并不好。

困境没有让两个年轻人却步，他们想方设法找出矛盾的根源所在，努力走出失败的困境。

聪明的阿迪逐渐意识到：那些成功企业家的秘诀在于牢牢抓住市场，而他们生产的款式已远远落后于当时的市场需求。

兄弟俩着手寻找自己的市场定位，经过市场调查，终于有了结果：他们应该立足于普通的消费者。因为普通大众大多数是体力劳动者，他们最需要的是既合脚又耐穿的鞋。再加上阿迪是一个体育运动迷，并且深信随着人们生活水平的提高，健康将越来越会成为人们的第一需要，而锻炼身体就离不开运动鞋。

定位已经明确，接下来就是设计生产的问题了。他们把自己的家也搬到了厂里，一个多月后，几种式样新颖、颜色独特的跑鞋面世了。

然而，新颖的跑鞋没有像兄弟俩想象的那样畅销。当阿迪兄弟俩带着新鞋上街推销时，人们首先对鞋的构造和样式大感新奇，争相一睹为快。

可看过之后，真正购买的人很少，人们看着两个小伙子年轻、陌生的脸孔，带着满脸的不信任离开了。

兄弟俩四处奔波，向人们推荐自己精心制作的新款鞋，一连许多天，都没有卖出一双鞋。

阿迪兄弟本以为做过大量的市场调查之后生产出的鞋子，一定会畅销，然而无法解决的困难又一次让两个年轻人陷入绝境。

可阿迪·达斯勒的字典里没有“输”这个词，只有勇气陪伴着他们，去闯过一个个难关。

在困难面前，阿迪兄弟没有消沉，没有退缩，而是迎着困难继续努力，在仔细分析当时的市场形势和自己工厂的现状后，终于找到了解决的办法。

兄弟俩商量后决定：把鞋子送往几个居民点，让用户们免费试穿，觉得满意后再向鞋厂付款。

一个星期过去了，用户们毫无音讯，两个星期过去了，还是没有消息。兄弟俩心中都有些焦躁，有些坐不住了。

在耐心地等候中，又一个星期过去，他们现在唯一的办法也只有等待了。一天，第一个试穿的顾客终于上门了。他非常满意地告诉阿迪兄弟俩，鞋子穿起来感觉好极了，价钱也很公道。在交了试穿的鞋钱之后，又定购了好几双同型号的鞋。

随后不久，其余的试穿客户也都陆续上门。一时之间，小小的厂房竟然人来人往，络绎不绝。鞋子的销路就此打开，小厂的影响也渐渐扩大了。

阿迪兄弟俩没有被初次创业所遭受顾客的种种困难所吓倒，面对资金不足、经验不足、信誉缺乏等困难，他们凭着自己的信心和勇气一一攻克，为日后家族现代体育工业帝国的建立，打下了坚实的基础。

现在的你也一样，不要抱怨顾客对你的折磨，因为，唯有这些折磨才能将你磨炼成美丽的“天使”。

·第三节·

# 包容对手，不断提高自己

## 善待你的对手

一旦谈到双赢，人们一向以为这种情况只会发生在自己与合作伙伴之间，而与对手，“不是你死，就是我亡”，这才是最终的结局。

真的是这样吗？显然，答案是否定的。其实我们和对手也可以走进双赢的境地。

对手，是失利者的良师。有竞争，就免不了有输赢。其实，高下无定式，输赢有轮回。曾经败在冠军手下的人，最有希望成为下一场赛事的冠军。只因败者有赢者作师，取人之长，补己之短，为日后取胜奠基。更有一些智者，一番相争之后，便能知己知彼，比得赢就比，比不赢就转，你种苹果夺冠，我种地瓜也可以领先。

对手，是同组的搭档。人生在世能够互成对手，也是一种缘分，仿佛同一个分数中的分子、分母。如此说，结局往往只有赢多赢少之别，并无绝对胜败之分。角色有主有次，登台有先有后，掌声有多有少，但彼此相依，缺了谁戏也演不成。同在一个领导班子中也如此，携手共进，共创佳绩，方可交相辉映。

孟子说："入则无法家拂士，出则无敌国外患者，国恒亡。"奥地利作家卡夫卡说："真正的对手会灌输给你大量的勇气。"善待你的对手，方尽显品格的力量和生存的智慧。

在秘鲁的国家级森林公园，生活着一只年轻的美洲虎。由于美洲虎是一种濒临灭绝的珍稀动物，全世界现在仅存17只，所以为了很好地保护这只珍稀的老虎，秘鲁人在公园中专门辟出了一块近20平方公里的森林作为虎园，还精心设计和建盖了豪华的虎房，好让美洲虎自由自在地生活。

虎园里森林茂密，百草丛生，沟壑纵横，流水潺潺，并有成群人工饲养的牛、羊、鹿、兔供老虎尽情享用。凡是到过虎园参观的游人都说，如此美妙的环境，真是美洲虎生活的天堂。

然而，让人们感到奇怪的是，从没有人看见美洲虎去捕捉那些专门为它预备的"活食"。从没有人见它王者之气十足地纵横于雄山大川，啸傲于莽莽丛林，甚至未见它像模像样地吼上几嗓子。

人们常看到它整天待在装有空调的虎房里，或打盹儿，或耷拉着脑袋，睡了吃吃了睡，无精打采。有人说它大约是太孤独了，若是找个伴儿，或许会好些。

于是政府又通过外交途径，从哥伦比亚租来了一只母虎与它做伴，但结果还是老样子。

一天，一位动物行为学家到森林公园来参观，见到美洲虎那副懒洋洋的样儿，便对管理员说，老虎是森林之王，在它所生活的环境中，不能只放上一群整天只知道吃草，不知道猎杀的动物。

这么大的一片虎园，即使不放进去几只狼，至少也应该放上两只猎狗，否则，美洲虎无论如何也提不起精神。

管理员们听从了动物行为学家的意见，不久便从别的动物园引进了两只美洲狮投进了虎园。这一招果然奏效，自从两只美洲狮进虎园

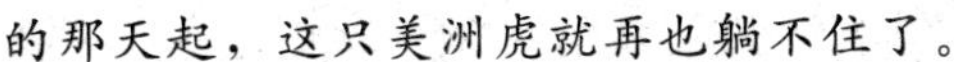
的那天起，这只美洲虎就再也躺不住了。

它每天不是站在高高的山顶愤怒地咆哮，就是有如飓风般冲下山冈，或者在丛林的边缘地带警觉地巡视和游荡。老虎那种刚烈威猛、霸气十足的本性被重新唤醒。它又成了一只真正的老虎，成了这片广阔的虎园里真正意义上的森林之王。

一种动物如果没有对手，就会变得死气沉沉。同样的，一个人如果没有对手，那他就会逐渐甘于平庸，养成惰性，最终导致庸碌无为。

一个群体如果没有对手，就会因为相互的依赖和潜移默化而丧失灵活，丧失生机。

一个行业如果没有对手，就会因为丧失进取的意志，安于现状而逐步走向衰亡。

许多人都把对手视为是心腹大患，是异己，是眼中钉，是肉中刺，恨不得马上除之而后快。其实只要反过来仔细一想，便会发现拥有一个强劲的对手，反而倒是一种福分、一种造化。因为一个强劲的对手，会让你时刻有种危机四伏感，它会激发起你更加旺盛的精神和斗志。

有时候，表面上看来，我们从对手身上得到的学习机会没有那么直接、明显，然而，仅仅是承受他带给我们的压力，就已是很宝贵的机会，可以对我们的成长起到很大的助益。我们要冷静地观察对方，客观地审视自己；也唯有这样，才能在与对手交手的过程中学到东西。

然而，很多人无法这样看待对手。由于对手和敌人往往只有一线之隔，甚至是一体两面，因而对手也很容易被视为仇人。很多人会带着各种情绪来看待对手，经常会这样想：敌人和仇人当然是不好的，哪有向他们学习的道理？

不少人在碰到对手的时候，首先是不屑一顾（觉得对手的实力不过如此），接下来是愤怒（发现这样的人竟然有很多人喜欢，还威胁甚至超过了自己），最后则是不允许别人在面前说对手的只言片语。

如果你有个很强的对手，你应该从心底欢喜。就像每天要照照镜子一样，你每天都要仔细盯紧这个对手，好好欣赏他，好好向他学习。而最好的学习，永远来自于你和他交手、被他击中的那一刻。

一个人有了对手，才会有危机感，才会有竞争力。有了对手，你便不得不奋发图强，不得不革故鼎新，不得不锐意进取，否则，就只有等着被吞并、被替代、被淘汰。

善待你的对手吧！有时候，将我们送上领奖台的，恰恰是我们的对手。

## 远离虚荣才能接近对手

有个名叫西拉斯的人，在一个小镇上开了一家杂货铺。这铺子是他爸爸传下来的，他爸爸又是从他爷爷手里接过来的。他爷爷开这铺子的时候，南北两边正在打仗。

西拉斯买卖公道，信誉很好。他的铺子对镇上的人来说就像手足，不可缺少。西拉斯的儿子在长大，小铺子就要有新接班人了。

可是有一天，一个外乡人笑嘻嘻地来拜访西拉斯，情况便变得严重了！此人说，他想买下这铺子，请西拉斯自己作价。

西拉斯怎么舍得？即使出双倍价格他也不能卖！这铺子可不仅仅是铺子，这是事业，是遗产，是信誉！

外乡人耸耸肩，笑嘻嘻地说："抱歉，我已选定街对面那幢空房子，粉刷一番，弄得富丽堂皇，再进些上好货品，卖得更便宜，那时

你就没生意了！”

西拉斯眼见对面空房贴出了翻新布告，一些木匠在里面锯呀刨呀，有一些漆匠爬上爬下，他的心都碎了！他无可奈何却又不无骄傲地在自家店门上贴了张告白：“敝号系老店，95年前开张。”

对面也换了一张告白：“敝号系新店，下礼拜开张。”

人们对比着读了，无不心中暗笑。

新店开业前一天，西拉斯坐在他那间阴暗的店堂里想心事，他真想把对手臭骂一顿，幸亏西拉斯有个好妻子。

“西拉斯，”她用低低的声音缓缓地说，“你巴不得把对面那房子放火烧了，是不是？”

“是巴不得！”西拉斯简直在咬牙切齿，“烧了有什么不好？”

“烧也没用，人家保险过。再说，这样想也缺德。”

“那你说我该怎么想？”西拉斯冒着火。

“你该去祝愿。”

“祝愿天火来烧？”

“你总说自己是个厚道人，西拉斯，你一碰到切身事就糊涂。你该怎么做不是很清楚吗？你应该祝愿新店开业成功。”

“你是脑筋出问题了吧，贝蒂。”

说是这么说，西拉斯最后决定去一次。

第二天早晨新店还没开门，全镇人已等在外边。大家看着正门上方赫然写着“新新百货店”几个金字，都想进去一睹为快。

西拉斯也在人群中，他快快活活跨到台阶上大声说：“外乡老弟，恭喜开业，谢谢你给全镇人带来方便！”

他刚说完便吃了一惊，因为全镇人都围上来朝他欢呼，还把他举起来。大家跟他进店参观。谁都关心标价，谁都觉得很公道。那外乡老板笑嘻嘻地牵着西拉斯的手，两个生意人像老朋友。

后来，两家生意都做得兴隆，因为小镇一年年变大了。

故事给我们一个很好的启示：

一个能容忍对手发展的人，不但是一个胸襟宽广的人，还是一个具有远见的人。让竞争对手时刻在背后激励自己、鞭策自己，使自己不能有片刻懈怠，努力向前发展，实现双赢目的，实在是再好不过。

放下自私和虚荣，主动接受对方。“尺有所短，寸有所长”，只要你诚心接交，对方也会坦诚相待，你就会从对手身上学到长处，从而更有利于自己的发展。

## 感谢你的竞争对手

对手有时也是一种激励因素。因竞争的压力而不断寻求进步，最终走上成功的道路，成功的你有什么理由不感谢对手呢？

一位名叫朗凯宁的作家曾写过一篇名叫《对手》的小说：

志和文成为对手，是因为一个女同学。那是在读大学二年级的时候，他俩同时爱上了一个叫颖的女同学。颖是中共党员，她对他俩的条件要求非常明确：谁成为一名中共党员，她就嫁给谁。

于是，志和文同时向党组织递交了入党申请书。一年后，志成为一名党员。当文第二次向党组织递交申请时，志在讨论会上说文动机不纯，他是为了爱情。也许是命运注定，毕业后，他俩被分配在同一部门工作。他俩的争斗让颖生厌，结果谁也没有得到颖的爱情，得到的，只是彼此的怨恨。这怨恨使他俩留一个心眼去盯对方，一旦发现对方有什么纰漏，就毫不留情地捅出去。他俩的目标很明确。

志当上股长的时候，文无可挑剔地加入了中国共产党。

志无可挑剔地当上科长的时候，文也同样当上了股长。

他俩就这么相互盯着，相互攀升。

当志当上了处长时，文也当上了科长。

志当处长，有许多人送钱送礼物给他，他不敢要，他觉得文的一双眼睛盯着他。一回，他实在忍不住，心动了，收了人家送来的3000元。夜里，他做了个梦，梦见文高兴得哈哈大笑，说："这回你完了，3000元已经构成受贿罪了，你完了。"他吓出一身冷汗，第二天就把钱送到纪检部门去了。

文的机会也同样多。

…… ……

就这样，他们以无可争议的清廉和才干，走上了更高的职位，且得到了人们的尊敬。

眼下，他俩都到了要退休的年龄。

一天，两人相见，互望着对方，便禁不住紧紧拥抱，且激动得热泪盈眶。是的，没有这样的对手，谁敢说途中会怎样?!

一生平安，得益于对手的"呵护"。

他们都深深地感激对方。

在日本北海道有一种鳗鱼，它被捕捞上来以后很容易死掉。但有一个办法能够使它活得更久，就是在鳗鱼中放进它的对手——狗鱼。鳗鱼因为有了对手狗鱼而被激活，因而活的时间更长。

其实我们无论何时都应该感激对手，对手会让我们有危机感，这样我们就会不断地进取，以获取最大的成功。没有对手我们不会有进步，没有对手我们不会有今天的成就，没有对手我们不会走向成功的道路。

# 在压力中奋起

巧妙化解压力，把压力转化为动力，是每位身处困境者不可不知的成功诀窍。

常言道："井无压力不出油，人无压力轻飘飘。"生活中，人们经常有这样的感觉，挑着重担的人比空手步行的人要走得快，其中的奥妙，便是压力的作用。人生一世，轻松愉快只是一种可能，而承受不同程度的压力则是一种必然。在工作中、生活中遇到的困难、挫折、不幸，是一种压力；生活节奏加快、竞争日趋激烈、追求的痛苦、爱情的困惑，更是压力……我们无法撇开压力去谈人生。

人生苦短，由此不难让我们联想到云南大理白族的三道茶，就是一苦二甜三淡，象征着人生的三重境界。苦尽才能甘来，随之才有潇洒的人生，才会不屈服于压力，将压力转化为前进的动力，开创大业，走向人生的辉煌。天无绝人之路。生活抛给我们一个问题，也给了我们解决问题的能力。

也许你的生存压力不小，烦恼也不少，但切忌陷在自我忧虑中，而要冷静思考，全面评估现状，理清思路，找到策略和行动方案，根据轻重缓急应对。记住你的力量远远要比压力大。

我国著名的国际口画艺术家杨杰就是这样一路走来的。农村出身的他 6 岁玩耍时双手触及高压线而不幸失去双臂，他被送至儿童福利院 10 年。10 年过后归家，周围一切发生了很大变化，他感觉到生疏、艰难，很不适应。

他向人讨来笔墨，每天用牙磨墨、练画，用于练习的报纸摞起来高出他身高的几倍。功夫不负有心人，他在世界多个国家表演口画艺术，他的画在国外展出，并出版了个人画册，获得了多项荣誉称号。自强不息，哪怕有一丝希望也绝不放弃，这就是杨杰的人生态度。

善于承受压力和有强大的动力，是一个人成功的基础，只要你能够有效地将压力转化为动力，你离成功就不会遥远了。

不在压力中奋起，便在压力中灭亡。要想在人生的道路上走得更远，你必须选择前者。毕业之后面临就业压力，就业之后面临工作压力，其他还有诸如生活压力、竞争压力、恋爱压力，等等，如果你没有在压力面前奋起的勇气，那你只能在重重压力中陷入虚无。

众所周知，张学友是香港著名歌星，是四大天王之一，很多人痴迷他的歌、喜欢他的电影、羡慕他的辉煌，可有几个人知道他艰辛的奋斗历程呢？不要自卑，也不要害怕挫折，化压力为动力，在压力中奋起。这是他的成功秘诀。

他的第一份工作是在政府贸易处当助理文员，工作十分乏味。不肯安于现状的性格使他不久跳槽到了一家航空公司，但工资比第一份还少。当时他也没有想过有一天会成为明星，踏入娱乐圈是偶然的，成功也来得太快，这使得他沉溺在成功带来的满足感和优越感之中，只知道尽情玩乐，逐渐变得放纵、狂傲、骄横，得罪了许多人。结果他的唱片销量直线下降，第一张、第二张唱片都可以卖20万，第三张只卖了10万，接着是8万、2万。他走在街上，原来是“学友”“学友”的欢呼，现在成了粗言秽语；站在舞台上，原来是鲜花热吻，现在是阵阵嘘声。起初张学友接受不了这残酷的事实，没有去分析原因，而是去一味逃避：酗酒、骂人、闹事。家人朋友不断地劝慰他，但他一概不听，而且他还想过自杀！

沮丧的日子持续了两三年，后来他开始自省，意欲东山再起，这是他骨子里不肯服输、敢于一拼的性格所决定的。如果天生懦弱，自杀恐怕是他最终的抉择。他很了解娱乐圈“一沉百人踩”的事实，知道要东山再起所面对的艰辛，但他决意一拼！他后来总结经验说：“当你决定要面对挫折和困难时，原来并不是没有出路的！”他努力唱出自己的风格，努力拍戏，努力去研究失败的原因，努力学习处世方法，努力应对各种刁难和挫折……全力以赴，付出了不为圈外人所知的艰辛，辉煌逐渐又回到了他的身边。

他说，没有人可以避免压力和挫折，重要的是要有豁达、乐观、坚毅、忍耐的性格，要搞清楚自己的位置和方向，才能走过失败，重新振作。他说自己希望做一只蜗牛，蜗牛永远不会理会别人的催促，无视外来的压力，只是依着自己的步伐和所选择的方向，勇往直前，这必能成功。

压力和挫折时刻都会存在，有人说，人没有了压力，生活就会没有了方向，就像没有了风，帆船不会前进一样。但你一定不能在压力中不思进取，否则你将被压力淹没。

在压力中奋起，你才会有成功的可能。

## 给自己一个悬崖

给自己一个悬崖，你才能有被逼到绝境时的感受，才能迸发出你生命的潜能，从而一扫过去的慵懒，走向成功。

人总是生活在安逸的环境中，能力就会渐渐消退，心智就会渐渐老去，潜力生锈，沦为平庸之辈。因此，一个人若想从中脱颖而出，必须时时给自己一些压力，让自己去接受挑战，才能不断突破自我，

发挥潜能，走向卓越。

一个故事能很好地向我们阐释这个道理：

有一个老人到山里砍柴时，捡到一只很小的怪鸟，那怪鸟和出生刚满月的小鸡一样大小，也许是因为它实在太小了，还不会飞，老人就把这只怪鸟带回家给他的孙子玩耍。

老人的孙子很调皮，他将怪鸟放在小鸡群里，充当母鸡的孩子，让母鸡养育着。母鸡没有发现这个异类，全权负起一个母亲的责任。怪鸟一天天长大，羽毛一天天丰满，后来人们发现那只怪鸟竟是一只鹰，人们一致强烈要求，要么放生，要么杀生，让它永远也别回来。

老人因为和鹰相处的时间长了，有了感情，不忍心伤害它。所以，老人决定让它重返大自然。他们就把鹰带到了较远的地方放生，可过了几天那只鹰又飞回来了，他们驱赶它，不让它进家门，甚至将它打得遍体鳞伤，许多办法都试过了，但是对它起不了任何作用。最后他们也明白了，原来鹰是眷恋它从小长大的家园，还有那个温暖舒适的窝。

后来，那老人就把它带到了附近最陡峭的悬崖壁旁，然后将它狠狠地往深涧扔去，只见那鹰像石头般往下坠，然而快到涧底的时候，它终于展开双翅托住了身体，开始滑翔，拍打着翅膀，飞向蔚蓝的天空，渐渐地变成了黑点，飞出了人们的视线，永远地飞走了，再也没有回来。

人何尝不是如此呢？一个人要想让自己的人生有所转机，就必须懂得关键时刻把自己带到人生的悬崖，给自己一个悬崖，就是给自己一片蔚蓝的天空啊！

人在面对压力时会激发出巨大的潜能，因此，你不必因恐惧逆境和挫折而去当温室里的花朵。温室里的花朵固然可以安全舒适地生活，但人生不可能一帆风顺，一旦逆境来临，首先被摧毁的就是失去意志力和行动能力的温室花朵，经常接受磨炼的人才能创造出崭新的天地，这就是所谓的“置之死地而后生”。

## 找一个竞争对手“叮”自己

如果你想尽快走上成功的道路，那你就必须找一个竞争对手“叮”自己。那样，你的速度才会更快，潜能才会更有效地发挥。

因此，不妨找一个竞争对手，把他放在背后“叮”紧自己，不断前行。

在北方某大城市里，诸多电器经销商经过明争暗斗的激烈市场较量，在彼此付出了很大的代价后，有张、李两大商家脱颖而出，他们又成为最强硬的竞争对手。

这一年，张为了增强市场竞争力，采取了极度扩张的经营策略，大量地收购、兼并各类小企业，并在各市县发展连锁店，但由于实际操作中有所失误，造成信贷资金比例过大，经营包袱过重，其市场销售业绩反倒直线下降。

这时，许多业内外人士纷纷提醒李——这是主动出击、一举彻底击败对手张，进而独占该市电器市场的最好商机。

李却微微一笑，始终不曾采纳众人提出的建议。

在张最危难的时机，李却出人意料地主动伸出援手，拆借资金帮助张涉险过关。最终，张的经营状况日趋好转，并一直给李的经营施加着压力，迫使李时刻面对着这一强有力的竞争对手。

有很多人曾嘲笑李的心慈手软，说他是养虎为患。可李却没有丝

毫后悔之意，只是殚精竭虑，四处招纳人才，并以多种方式调动手下的人拼搏进取，一刻也不敢懈怠。

就这样，李和张在激烈的市场竞争中，既是朋友又是对手，彼此绞尽脑汁地较量，双方各有损失，但各自的收获却都很大。多年后，李和张都成了当地赫赫有名的商业巨子。

面对事业如日中天的李，当记者提及他当年的“非常之举”时，李一脸的平淡：击倒一个对手有时候很简单，但没有对手的竞争又是乏味的。企业能够发展壮大，应该感谢对手时时施加的压力。正是这些压力，化为想方设法战胜困难的动力，进而在残酷的市场竞争中，始终保持着一种危机感。

其实，商界这一法则，动物界也给我们提供了例证。

一位动物学家在考察生活于非洲奥兰治河两岸的动物时，注意到河东岸和河西岸的羚羊大不一样，前者繁殖能力比后者更强，而且奔跑的速度每分钟要快 13 米。

他感到十分奇怪，既然环境和食物都相同，何以差别如此之大？为了能解开其中之谜，动物学家和当地动物保护协会进行了一项实验：在两岸分别捉了 10 只羚羊送到对岸生活。结果送到西岸的羚羊发展到 14 只，而送到东岸的羚羊只剩下了 3 只，另外 7 只被狼吃掉了。

谜底终于被揭开，原来东岸的羚羊之所以身体强健，只因为它们附近居住着一个狼群，这使羚羊天天处在一个“竞争氛围”中。为了生存下去，它们变得越来越有“战斗力”。而西岸的羚羊长得弱不禁风，恰恰就是缺少天敌，没有生存压力的原因。

没有压力，人的潜能就会逐步退却，人的动力慢慢消退，生命的机能不断萎缩。最终，人的事业消沉，生活散漫，人生越来越暗淡。

只有注入强有力的压力，在压力中多多用心，努力将压力转化为动力，才有可能使生命越来越有活力，激发出更多的人生潜能，最终取得事业的成功。

找一个竞争对手“叮”自己，才不至于因生活散漫而消沉，才能在成功的路途上越走越远。

第六章

# 婚姻家庭，包容的心让爱更温暖

·第一节·

# 多点包容，爱情才会走得更深更远

## 早一点宽恕，会避免悲剧的发生

这是令人羡慕的一对情侣，他们的故事让人深思，让人反省，让人无限感慨。让我们来看看这个故事：

男人和女人相爱在校园，她下嫁他，这是现代版的七仙女下凡。女人的父亲是那所大学所在地的政府显要，母亲是一家研究所卓有成就的研究员。而男人呢，是一位农民的儿子。中国农民的儿子拥有什么，谁都知道。但是她却死心塌地地跟了他，放弃亲情和前途跟他回到了他的家乡。两个人在同一个乡村中学里教书。他们很满足，最重要的是她安心现在的生活状况，两相厮守，不慕浮华。

由于他的工作出色，又是名牌大学生，很快便脱颖而出。短短10年内，他从教导主任、副校长、教育局副局长、局长直到县长，一帆风顺。当县长那年，他才39岁。对于丈夫的升迁，她感到宽慰，觉得自己当年没有看错人；而他也感谢妻子在他最需要爱情的时候给了他最需要的。但身在官场的他却常常身不由己，每天都有对付不完的应酬，好在她对此毫无怨言。

一次酒醉后，一位崇拜他已久的靓丽而年轻的女人主动向他献身。事发后，他诚惶诚恐，觉得对不起自己的妻子。但当这一切都神不知鬼不觉的时候，男人的血性便又被那个靓丽的姑娘点燃。在妻子出差的那段日子里，他默许了那个近乎疯狂地爱他的姑娘上门同床共枕。终于，他们偷情的场面赤裸裸地暴露在了提前回家的妻子面前。妻子没有大吵大闹，而是微笑着放那个姑娘走，并且关照她不必太紧张，说着还帮那个吓得脸色铁青的姑娘理好零乱的衣裙。偷情的姑娘走了，她却沉默了，从此不再单独和他说一句话。只有当他的下属来时，或是儿子在家时，她才会和他说话，而且显出十分恩爱的样子。别人一走，她就又变成了“哑巴”。其实他挺后悔的，他知道自己之所以能有今天，妻子的爱是最重要的条件之一。他是爱她的，他为自己的行为感到羞耻，他跪在她的面前，苦行僧式地向她忏悔，请求她饶恕。他这样努力地坚持了 12 年。12 年中，他憔悴不堪。但是无论如何，妻子就是不说话。

12 年后的一天，妻子第一次主动开口和他说话，她说：“我患了乳腺癌，医生说现在部分细胞已经扩散，我时日不长了。”他听完，泪如雨下，他抱住她一遍遍地问：“为什么不告诉我，咱们可以找最好的医院去治呀！”他把妻子送到了医院，但一切都已为时太晚。妻子弥留之际，对他说：“现在，我承认我错了，这些年，我不应该这样对你。我死以后，你就再找一个合适的女人，一起过吧。”男人号啕大哭。女人死后三个月，男人也去世了。他患的是胃癌，是在一年前的一次体检中发现的，但他也没有告诉她。他临死前对儿子说了一句让儿子莫名其妙的话：“你妈妈原谅我了，我死而无憾。”后来，他们的一位医学专家朋友对他们的儿子说：“你爸爸和你妈妈的病，都是因心情长期抑郁造成的。假如你妈妈早一点儿表现出她的宽容，事情也许完全是另一种结果……”

故事中的妻子惩罚了丈夫，却以失去自己的幸福和生命为代价。从妻子 12 年的沉默中，我们能感觉到她滴血的胸膛，她受的伤害的确是深重的，她要让丈夫也承受同样的伤痛。而当她醒悟时，生命已不再等待。

“人非圣贤，孰能无过”惩罚从来就不能解决问题。婚姻是两个人共同经营的事业，如果出现了漏洞应当及时修补。否则，洞就会越来越大，最后让婚姻的大厦轰然倒塌。

有句俗话说：“婚姻如饮水，冷暖自知。”当你原谅了对方时，困在你心里的囚犯便获得了自由。

如果你只是不断地怨恨，那么真正受折磨的人其实是你自己。因为怨恨是一种具有侵袭性的东西，使我们失去欢笑，损害我们的健康。怨恨，更多的是伤害怨恨者自己，而不是被仇恨的人。

“幸福的家庭是相似的，不幸的家庭各有各的不幸。”幸福的家庭中不能缺少包容，正因为包容，才让你爱的人感觉到了你的温情；正因为包容，家里充满着温馨的气氛；正因为包容，你们的爱情才会走得更深更远。

## 换位思考，走入他心灵的栖息之地

每天油盐酱醋茶，天天面对，少了激情，少了浪漫，少了先前相互之间的体贴。这种平淡让你错以为自己不再爱对方，于是燃烧起爱上他人的火焰，可是到头来才觉醒“蓦然回首，那人却在灯火阑珊处”。

女人有了外遇，要和丈夫离婚。丈夫不同意，女人便整天吵吵闹闹。没有办法，丈夫只好答应妻子的要求。不过，离婚前，他想见见妻子的男朋友。妻子满口答应。第二天一大早，女人便把一个高大英俊的中年男人带回家来。

女人本以为丈夫一见到自己的男朋友必定气势汹汹地讨伐。可丈夫没有，他很有风度地和男人握了握手。然后，他说他很想和她男朋友谈一谈，希望妻子回避一下。女人只得听从丈夫的建议。站在门外，女人心里七上八下，生怕两个男人在屋内打起来。然而结果证明，她的担心完全是多余的。几分钟后，两个男人相安无事地走了出来。

送男友回家的路上，女人忍不住问："我丈夫和你谈了些什么？是不是说我的坏话？"男人一听，停下了脚步，他惋惜地摇摇头说："你太不了解你丈夫了，就像我不了解你一样！"女人听完，连忙申辩道："我怎么不了解他，他木讷，缺少情趣，家庭保姆似的，简直不像个男人。""你既然这么了解他，就应该知道他跟我说了些什么。""说了些什么？"女人非常想知道丈夫说的话。"他说你心脏不好，但易暴易怒，结婚后，叫我凡事顺着你；他说你胃不好，但又喜欢吃辣椒，叮嘱我今后劝你少吃一点辣椒。""就这些？"女人有点吃惊。"就这些，没别的。"听完，女人慢慢低下了头。男人走上前，抚摸着女人的头发，语重心长地说："你丈夫是个好男人，他比我心胸开阔。回去吧，他才是真正值得你依恋的人，他比我和其他男人更懂得怎样爱你。"说完，男人转过身，毅然离去。

自从这次风波过后，女人再也没提过离婚二字，因为她已经明白，她拥有的这份爱，就是世界上最好的那份。

每个人都期盼能和生命中的另一半演绎一场轰轰烈烈的爱情，然后在漫长的生活中成为能读懂自己的知己。但是，生活久了，你会发现，在这个世界能找个心心相印的异性非常不容易，找个一辈子相依相守的伴侣更是难上加难。

有时候，我们也不该总是对别人寄托太多的期望，总是要求别人去为你做事，体贴你，照顾你，这样，时间久了，自然会给对方带来很大的心理压力，同时也可能会产生逆反心理。试着从对方的角度想一想，从对方的角度出发，你就会发现，原来很多时候的争吵，都是不值得的。你的心里多了一分理解，你的生活也就多了一分甜蜜。

## 猜疑、嫉妒是咬噬爱情之树的蛀虫

诗人纪伯伦曾说："恋爱和疑忌是永不交谈的。"

100 多年前，拿破仑三世，即巨人拿破仑的侄子，爱上了全世界最美丽的女人——特巴女伯爵玛利亚·尤琴，并且和她结了婚。

他们拥有财富、健康、权力、名声、爱情、尊敬——是一个十全十美的浪漫史。他的爱情从未像这一次燃烧得这么旺盛、狂热。

不过，这样的圣火很快就变得摇曳不定，热度也冷却了——只剩下余烬。拿破仑三世可以使尤琴成为一位皇后，但不论是他爱的力量也好，帝王的权力也好，都无法阻止这位法西兰女人的猜疑和嫉妒。

由于她具有强烈的嫉妒心理，竟然藐视他的命令，甚至不给他一点私人的时间。当他处理国家大事的时候，她竟然冲入他的办公室里；当他讨论最重要的事务时，她却干扰不休。她不让他单独一个人坐在办公室里，总是担心他会跟其他的女人亲热。

她常常跑到她姐姐那里，数落她丈夫的不好。她会不顾一切地冲进他的书房，不停地大声辱骂他。拿破仑三世虽然身为法国皇帝，拥有十几处华丽的皇宫，却找不到一个安静的地方。

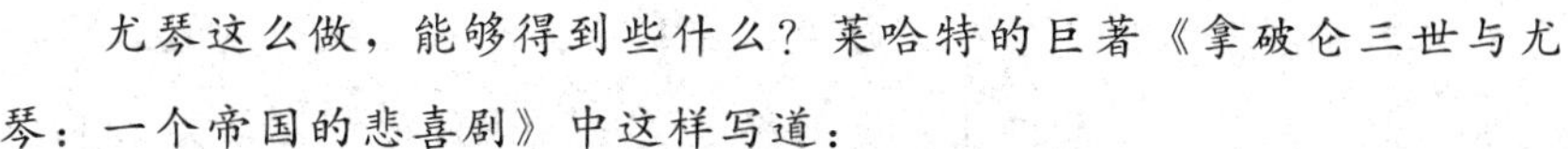

尤琴这么做，能够得到些什么？莱哈特的巨著《拿破仑三世与尤琴：一个帝国的悲喜剧》中这样写道：

“于是，拿破仑三世常常在夜间，从一处小侧门溜出去，头上的软帽盖着眼睛，在他的一位亲信的陪同之下，真的去找一位等待着他的美丽女人，再不然就出去看看巴黎这个古城，放松一下自己压抑的心情。”

的确，尤琴是坐在法国皇后的宝座上，也是世界上最美丽的女人。但在猜疑和嫉妒的毒害之下，她的尊贵和美丽并不能保持住她那甜蜜的爱情。

人们常说，恋爱中的人们，智商趋近于零，特别是热恋中的人。

恋人中最为常见的两种表现是嫉妒和猜忌过重，这两种心态，不仅影响爱情的顺利发展，同时也关涉个人形象问题，它直接损害一个人的自我形象，是有损于爱情生活的。因此，每一个恋爱中的人，都要警惕这两只咬噬爱情之树的蛀虫。

## 重新接纳悔过的爱人

什么是爱？爱就是无限的宽容。如果你还爱着他，为什么不能原谅他曾经的过错，接纳悔过的爱人呢？

人们常用“好马不吃回头草”来形容失去爱情后的立场。说这种话的人其实是不懂得爱情真谛的人。他们考虑的可能是面子问题、志气问题，因此对方回心转意了，你虽然也还爱着她，却由于死要面子不肯再接受她，结果落得个两地相思劳燕分飞，这就是死要面子的结果。

枫和丽在大学就是恋人。丽不仅身材漂亮，而且风雅别致，富于幻想。枫是班长，文采极佳。他们经过了一段浪漫的交往之后，毕业时双双南下，各自找到了适于自己施展才能的单位。一年后他们通过分期付款的形式买了一套住房。也就是在这时，家庭的小舟不知是哪儿出现了毛病，竟不再向前行驶。他们冷战，然后离婚。当两人打车去办理处的时候，心里都很难受，但事情已经闹到这个地步了，两人还是签了字。

离婚后，枫没结婚，丽也没有找朋友，尽管他们都还很年轻。有一次丽的妈妈发现女儿躲在房间里哭，就叹了一口气："真是冤家呀！你还挂念着他吧！干脆，我牺牲自己的老脸，去帮你说说?"没想到丽却说什么也不肯："哪有女方主动的呀!"枫的日子也不好过，他总会想起丽来，一个人躲在家里喝闷酒。一个朋友打趣说："枫！你不是打算和丽复合吧？好马可是不吃回头草的呀!"被说中了心事的枫微怒起来："谁说我要回头的？下辈子也别想!"这句话不知怎么就传到了丽的耳朵里，半年后，丽结婚了，那一天，枫跑到海边大哭了一场。

"好马不吃回头草!"这句话不知使多少人丧失了找回真爱的机会。太多的人在面临感情的反复时，往往意气用事，明知心中还喜欢对方，却硬要强撑"骨气"，不肯低头，不肯回头。其实，在面临回不回头的关卡时，你要考虑的不是面子问题和志气问题，而是现实问题。如果你还爱她，如果你还留恋那段美好的感情，为什么不"回头"去试试呢?

如果你还爱着他/她，何苦要为所谓的"面子"所累，理会别人的议论和想法呢？幸福是自己的，只要那"草"的确适合自己，真正的"好马"是不会在意"回头"与否的，因为不"回头"才是真正的遗憾!

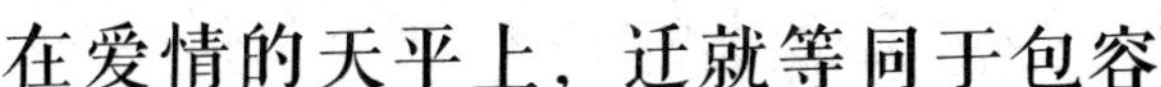

# 在爱情的天平上，迁就等同于包容

婚姻是人生最重要的结盟。它是心、身与经济的联系，家庭就是最佳的智囊团，当一对夫妇心灵肉体一致、目标一致时，这个无价的结合可以令他们飞向无限的高峰。

每一个成功男人的背后都有一个女人。

香港金王胡汉辉正是这样一位成功而幸运的男人。

胡汉辉与太太杨铭榴在抗日救亡运动中相识后，俩人感情日益深厚。每每讲起自己的太太，胡汉辉就立即变得眉飞色舞。

“我老婆好迁就我。我中意游泳，她不会，就猛学。暑期日日去金银贸易场泳棚苦练。

“我家里，除了我再没人吃辣子，但是我就中意川菜，于是她又去学，专煮川菜，同咖喱一起给我吃。她完全适应着我的嗜好。”

那时，胡太太从“汉文师范”毕业以后，一直在学校教书，后来又做香港的职业学校的女校长，对教育事业很有感情。但胡汉辉的业务日益庞大，便向太太求助，要她先别教书来帮帮忙。“这样她连退休金都不要，辞了职就来帮我。”

除了这些为了丈夫事业的“牺牲”外，她对胡汉辉事业也有过不小帮助。

胡汉辉是在广州读的书，起初英文知识很有限，而杨铭榴是香港的高才生，所以起初胡汉辉与外商谈判时，身边总少不了太太“保驾”，久而久之，她便成了金王得力的外交大臣。胡汉辉大发后，她与以前一样，一点没有阔太太的架子，不但持家朴素，上班也依旧坐公交车，也很少披金挂银。

胡汉辉就在事业如日中天时因病去世，可以令他含笑九泉的是，他的太太继承了他的事业，并把他的事业推上了一个更高的台阶。

在婚姻中，互相迁就是维系婚姻关系的一项重要原则。对对方的迁就其实也是对对方的一种尊重与欣赏，是相互之间的体谅。这样的婚姻能令双方都有愉悦的心情工作与生活。

中国自古崇尚夫妻间的相敬如宾，举案齐眉，讲的就是夫妻间能够做到相互体谅，互相尊重。很多男人都希望自己的妻子能够有助于自己的发展，即使不能给自己带来多大的事业推动，至少也不能拖自己的后腿。作为女人，最能体现她的气度与智慧的就是对丈夫的迁就。迁就丈夫，为他创造良好的家庭环境，让他在回到家中时能完全放松身心，对他的事业是一项重要的助力。

话虽如此，女人在迁就男人的同时，应该保持一定的自我原则，不可事无对错都一味忍让。盲目服从的爱情并不能称其为伟大的爱情，真正的爱情是相爱双方有原则的妥协与体谅，单方面的牺牲，只能造成单方面的爱。

在婚姻里，很多事情分不清对错，但还是要为对方想一想，不要因为自己的任性或是奢华而破坏家庭的幸福。婚姻是爱情的归宿，我们都要学会经营，从心底学会善待对方。女人嫁给一个爱自己的人是幸福的。在他面前撒娇、扮痴的同时，请不要忘记为他建设一个心灵的栖息地，让他能够感受到有你的快乐。

## 偏见会折断丘比特的翅膀

二十几岁是女人一生最幸福的时候，在这个时候我们大多会遇到适合自己的他，然后与他携手一起步入婚姻的殿堂。俗语说："家和万事兴。"家庭和睦了，你才会有精力专心于你的事业，但是，当感情发展到要谈婚论嫁的时候，一定要谨慎地做出自己最后的决定，不要信奉什么择偶标准之类的话，要去除常见的选择偏见。

女人的认识往往受到过去经验、社会传闻以及在此基础上形成的社会心理结构的影响和干扰。选择恋爱对象也是一样，社会评价、他人的选择标准、从传闻中获取的爱情知识和对方信息都会严重影响女人的眼光。在不能正确对待并且不能排除干扰的情况下，许多女人就会有一些选择偏见。

**1. 社会刻板印象**

在选择对象时，有很多女人凭刻板印象办事。有人曾给一位女孩介绍对象，她一听到对方是位中学教师，就表示不同意。她说，教师的生活单调、清苦，办事没有优越感。这纯粹是陈旧的社会刻板印象。随着社会爱科学、学科学、用科学和尊重知识、尊重人才的风气的形成和发展，教师的角色内容发生了根本变化。那位被介绍的中学教师，恰恰是一位兴趣广泛、才华横溢、颇受学生尊敬的现代青年，并不是人们所想象的"夫子"。女孩死抱陈腐的刻板印象不放，错过了好姻缘。

**2. 第一印象**

有些女人可能会根据同别人见面时，第一眼看到对方的形象和风度，或第一次与对方谈话留下的印象的好坏来判断男人，而对男人的评价又决定着择偶的方向。如果对方给自己的第一印象不错，如长相好、有气派、有风度等，那这个男人很可能成为"候选人"；相反，如果第一印象很差，那就会马上刹车。可是如果仅凭第一印象就给对方下定义，很可能会错过一段很好的姻缘。

**3. 先入为主的印象**

女人在选择对象时，往往受先入为主的印象的影响，尤其是通过

“红娘”牵线的恋人。因为“红娘”会在两人见面之前吹嘘一番，激发两人相会。这样，两人各自都有了关于对方的先入为主的印象。有的女人因为对某男有了不好的先入印象，就不想同对方见面，或见面之后，只注意到其弱点而失去兴趣；相反，有的女人则因为事先有比较好的先入印象，在两人的接触和交往中，戴着有色眼镜看人，只注意对方的优点和长处，而忽略其弱点和缺陷。因此，先入印象的好坏直接影响女人对男人认知、交往的可能与效果。没有主见的女人容易受先入印象的影响，因为她们容易接受、相信社会舆论和受他人左右。

有一个女人听到朋友们经常议论一位男青年。人们对他的赞赏使她对这个男子产生了爱慕之情，就贸然去求爱，并闪电式地结婚了。可是婚后她发现自己的丈夫只有在姑娘面前才表现好，在其他场合则不然，而且他懒惰、粗暴和武断。此时，她才觉得自己看走眼了。

因此，女人在选择对象时，一定要睁大眼睛，仔细观察和了解。特别是要在与对方的直接交往中认识对方，而不能偏信人言，人云亦云。要把自己的实地考察和直接交往的体会与别人的意见相结合。

“男才女貌”是封建社会中“门当户对”的婚姻标准的一个辅助条件。在当今社会中，二十几岁的女人应该选择志同道合、情意相投的男人为自己的终身伴侣，千万不要让“偏见”左右你的视线。

## 忍耐让爱情之花更艳丽

一对情侣在咖啡馆里发生了口角，互不相让。然后，男孩愤然离去，只留下他的女友独自垂泪。

心烦意乱的女孩搅动着面前的这杯清凉的柠檬茶，泄愤似的用匙

子捣着杯中未去皮的新鲜柠檬片，柠檬片已被她捣得不成样子，杯中的茶也泛起了一股柠檬皮的苦味。女孩叫来侍者，要求换一杯剥掉皮的柠檬泡成的茶。

侍者看了一眼女孩，没有说话，拿走那杯已被她搅得很浑浊的茶，又端来一杯冰冻柠檬茶，只是，茶里的柠檬还是带皮的。原本就心情不好的女孩更加恼火了，她又叫来侍者，“我说过，茶里的柠檬要剥皮，你没听清吗?”她斥责着侍者。

侍者看着她，他的眼睛清澈明亮，“小姐，请不要着急，”他说道，“你知道吗，柠檬皮经过充分浸泡之后，它的苦味溶解于茶水之中，将是一种清爽甘洌的味道，正是现在的你所需要的。所以请不要急躁，不要想在 3 分钟之内把柠檬的香味全部挤压出来，那样只会把茶搅得很浑，把事情弄得一团糟。”

女孩愣了一下，心里有一种被触动的感觉，她望着侍者的眼睛，问道：“那么，要多长时间才能把柠檬的香味发挥到极致呢?”

侍者笑了：“12 个小时。12 个小时之后柠檬就会把生命的精华全部释放出来，你就可以得到一杯味美到极致的柠檬茶，但你要付出 12 个小时的忍耐和等待。”

侍者顿了顿，又说道：“其实不只是泡茶，生命中的任何烦恼，只要你肯付出 12 个小时的忍耐和等待，就会发现，事情并不像你想象得那么糟糕。”女孩看着他，似乎没有琢磨透侍者的话。

侍者又微笑着说：“我只是在教你怎样泡制柠檬茶，顺便和你讨论一下用泡茶的方法是不是也可以泡制出美味的人生。”说完，侍者鞠躬离去。

女孩面对一杯柠檬茶静静沉思。女孩回到家后自己动手泡制了一杯柠檬茶，她把柠檬切成又圆又薄的小片，放进茶里。

女孩静静地看着杯中的柠檬片，她看到它们慢慢张开来，好像有晶莹细密的水珠凝结着。她被感动了，她感到了柠檬的生命和灵魂慢慢升华，缓缓释放。

12 个小时以后，她品尝到了她有生以来从未喝过的最绝妙、最美味的柠檬茶。

女孩明白了，这是因为柠檬的灵魂完全深入其中，才会有如此完美的滋味。

门铃响起，女孩开门，看见男孩站在门外，怀里的一大束玫瑰娇艳欲滴。

“可以原谅我吗?”他讷讷地问。

女孩笑了，她拉他进来，在他面前放了一杯柠檬茶。

“让我们有一个约定，”女孩说道，“以后，不管遇到多少烦恼，我们都不许发脾气，定下心来想想这杯柠檬茶。”

“为什么要想柠檬茶?”男孩困惑不解。

“因为，我们需要耐心等待 12 个小时。”

中国人做人向来提倡“以忍为上”“吃亏是福”，这是一种玄妙高深的处世哲学。女性的心很柔软。这种柔情使女性在很多事情上都能够忍让，做到善解人意。生活中很多事情都不是一定要探寻出究竟的，事情发生了，可能碰触到了你的利益或者心灵，忍一忍，让一让，也就过去了，没有必要一定揪着对方不放手，何况身处爱情之中的我们本身就是为了享受快乐与幸福，因一时的气愤、冲动毁了爱情之花，那便是得不偿失了。

生活中难免有矛盾，关键要看你的态度。如果你选择忍耐，许多时候就能少一分纷争，多一分宁静。忍耐浇灌的玫瑰花会更艳丽。

·第二节·

# 爱，就是无条件的接纳

## 爱，就是谁先向谁低头

走在一起的两个人，个性完全不同，所以婚姻中总会出现各式各样的摩擦，夫妻之间也一直矛盾不停，麻烦不断。琐碎的事情是最折磨人的，稍微处理不当，就可能引发更大的麻烦，甚至可能会影响正常的婚姻生活。

其实，夫妻之间的问题很多都是因为彼此都不愿意让步，不愿意先向对方低头，所以才将问题越积累越多，到了最后陷入了无法挽回的地步。所以，如果真爱对方，想要跟对方一起幸福地生活下去，就要先学会向对方低头。

1983 年的冬天，一对夫妇的婚姻正濒于破裂的边缘。为了重新找回昔日的爱情，他们打算做一次浪漫之旅，如果能找回就继续生活，如果不能就友好分手。他们来到加拿大的魁北克的一条南北走向的山谷。这个山谷没有什么特别之处，唯一能够引起人们注意的是它的西坡长满松、柏、女贞等树，而东坡只有雪松。这一奇异景观是个谜，许多地质学家一再对其进行研究，都一直没有令人满意的结论。

晚上的时候，突然下起了大雪。这对夫妇支起了帐篷，望着满天飞舞的大雪，发现由于特殊的风向，东坡的雪总比西坡的雪来得大，来得密。不一会儿，雪松上就落了厚厚的一层雪。不过当雪积到一定的程度，雪松那富有弹性的枝丫就会向下弯曲，直到雪从枝上滑落。这样反复地积，反复地弯，反复地落，雪松完好无损。可其他的树由于没有这个本领，树枝被压断了。西坡由于雪小，总有些树挺了过来，所以西坡除了雪松，还有柏和女贞之类。

帐篷中的妻子发现了这一景观，对丈夫说："东坡肯定也长过杂树，只是不会弯曲才被大雪摧毁了。"丈夫点头称是。少顷，两人像突然明白了什么似的，紧紧拥抱在一起。

对于婚姻的压力要尽可能地去承受，在承受不了的时候，学会弯曲一下，像雪松一样让一步，这样就不会被压垮。婚姻中，不要总是去苛求对方做到完美，因为你也不是完美的，向他（她）低一下头，你们的婚姻就会别有一番风景。

在中国，大男子主义的作风成为爱情婚姻中一道不和谐的音符。很多男人都觉得自己任何做法都是无可挑剔的，所以若是和妻子发生争执，那也必须是妻子先低头，不然自己就太没面子。可是妻子也会有自己的委屈，她们也希望丈夫能够给予理解。这个时候，如果相互之间没有一个人肯低头认错，那么无疑会让僵持的氛围一直延续。时间长了，自然会影响夫妻之间的感情。

当然，在现实生活中，不理解丈夫的妻子也大有人在。她们只是一味追求家庭幸福、夫妻美满，沉醉于卿卿我我的夫妻生活中，对丈夫一心想干好事业的想法不怎么理解，对丈夫兢兢业业为事业操劳的行动不理解，埋怨丈夫回家晚，埋怨丈夫不知道买家具，甚至同丈夫吵架，不体谅丈夫，使丈夫的精力不能集中。做妻子的要知道，一些丈夫之所以那么钟爱自己的妻子，就是因为他感到妻子很理解、体谅、

支持自己。有的丈夫说：“最了解我的是妻子，最支持我的也是妻子。”

生活中，我们已经活得很累了，不管是男人还是女人，都不容易，当感受到对方已经身心疲惫的时候，就应该低下头去，握住对方的手，用自己的体贴温暖对方，保护对方。虽然有时候，问题的发生并不是我们故意的，或者能够导致矛盾的产生，也不完全是我们的错，但是能够在对方疲惫的时候，给予一点体贴和谅解，才能更加温润彼此脆弱的心。

## 给予，让你的生命增值

一位儿童教育家说：“只知索取，不知付出；只知爱己，不知爱人，是当前独生子女的通病。”学会付出是人类光辉灿烂人性的体现，同时也是一种处世智慧和快乐之道。

即使你拥有金钱、爱情、荣誉、成功和刺激，也许你还不会有快乐。快乐是人生的至高追求，只有给予和付出，你才能实现这一追求。

国外一位作家曾写过这样一篇文章：

巴勒斯坦有两个海，一个是淡水，里面有鱼，名为伽里里海。从山脉流下来的约旦河带着飞溅的浪花，成就了这个海。它在阳光下歌唱，人们在周围盖房子，鸟类在茂密的枝叶间筑巢，每种生物都因它而幸福。

约旦河向南流入另一个海。这里没有鱼的欢跃，没有树叶，没有鸟类的歌唱，也没有儿童的欢笑。除非事情紧急，旅行者总是选择别的路径。这里水面空气凝重，没有哪种动物愿意在此饮水。

这两个海彼此相邻，何以又如此不同？不是因为约旦河，它将同样的淡水注入。不是因为土壤，也不是因为周边的国家。区别在于：伽里里海接受约旦河，但绝不把持不放，每流入一滴水，就有另一滴水流出，接受与给予同在。

另一个海则精明得厉害，它吝啬地收藏每一笔收入，每一滴水它都只进不出。

伽里里海乐善好施，生机勃勃。另外那个则从不付出，它就是死海。

巴勒斯坦有两个海，世上有两种人。一种乐于索取，一种乐于付出。吝啬付出的人，他的生活也将死气沉沉，被幸福疏远。

付出的种类有很多，方式也各不相同。有一种付出是对世界的看法、对生活的态度。正是这种对人生的态度，决定了你一生是否幸福。在太多的时候，我们只是在为自己而付出。付出我们的汗水和辛劳来换取我们所应得的回报，但生活中我们也常常需要另外一种付出——为别人付出。同时，获得自己所需的财富和精神上的满足。

生活就是这样，当你为别人付出的时候，你的人生也会因你的付出而快乐、升华，你得到的是生命的延长和增值。

爱心能使人生更有意义。爱的反面不是恨，而是漠然。一个人如果失去了爱的能力，他的人生也会异常黯淡。给别人以帮助和鼓励，自己不但不会有损失，反而会有所收获。并且，通常一个人给别人的帮助和鼓励越多，从别人那儿得到的收获也越多。给别人一颗善心，就能将对方感染，回馈回来的便是两颗爱心的跳动。

人与人之间奉献的力量一直感动着我们的心灵，那一份深沉的人间真情久久地温暖着每一颗尘封已久的心。当一种心与心共鸣而发出的旋律奏响时，心灵浸润其中，不由地会习得一种温情的通透，而原本覆盖着的蒙尘也随之被荡涤得没有了影踪。长此以往，心灵会变得超脱，并找到通往精神家园的路。

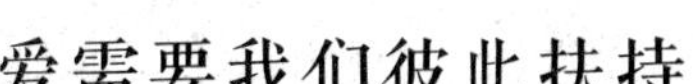

# 爱需要我们彼此扶持

爱从一个人的心里发出，然后流到别人的心里，在人与人之间搭建起一条长长的爱心之桥。爱，往往会有意想不到的力量，它需要我们彼此宽容和彼此扶持。

一战期间，美、德两军在一处平原相遇，双方交战激烈，枪声不断响起，在他们之间的是一条无人地带。一个年轻的德军尝试爬过那个地带，结果被带钩的铁丝钩住，发出痛苦的哀号，不住地呜咽。

相距不远的美军都听得到他的惨叫声。一个美军无法再忍受，于是爬出战壕，匍匐着向那位德军爬过去。其余美军明白他的意图后，就停止开火，但德军仍炮火不辍，直到德国指挥官明白那年轻美军的意图，才命令军队停火。

此时，战场上出现了一片沉寂。年轻美军爬到受伤的德军那里，救他脱离了险境，扶起他走向德军的战壕，交给已准备迎接他的同胞。之后，他转身走回美军阵营。

忽然，一只手搭在他肩膀上，他倏地转过来，原来是一位获得铁十字勋章的德军军官，从自己的制服上扯下勋章，把它别在美军身上，才让他走回自己的阵营。当该美军安全抵达己方战壕后，双方又恢复了那毫无理智的战斗。

我们都知道，在我们生存的世上，不仅有嗜血无情的战争贩子，也有腐败堕落的政府官员；不仅有流血和死亡，也有欺诈和虚伪；不仅有纸醉金迷的享乐，也有声色犬马的诱惑。这些，不是我们能够无视其存在的，也不是我们能够荡涤殆尽的。但是，我们能在自己的心里将这些东西清扫干净，还自己一片洁净的空间。

应该相信，“我们的生活是由我们的思想造就的”，如果我们每个人都能爱护自己，爱护自己善良、朴实的天性，爱护自己懂得爱并珍视爱的心灵，让自己的内心始终保持一块纯净生动、仁爱无私的净土，永不放弃对真诚的情感、对善良的人性、对美好的人生的追求，即使我们不能使所有人的世界变得更美好，至少也可以使自己的世界更美好。

相信这个世界上还有爱，加入那个传播爱的队伍，你慢慢就会发现，爱是不息的火，它拥有传染的魔力，能够温暖每一个人的心灵，即使是那些所谓的坏人，在他们的灵魂深处也还保留着一块温软的园地，可以感受爱，可以感动。就像歌里唱得那样：“如果人人都献出一点爱，世界将变成美好的人间。”谁不愿意生活在美好的世界里呢？所以在我们的生活中，你经常能够看到各种“献爱心，送温暖”的活动，因为在大家的心中还有爱，爱心让这个世界充满了温暖。

## 爱自己必先爱他人

要获得他人的喜爱，首先必须要真诚地喜欢他人。这种喜欢必须是发自内心的，而非另有所图。要做到这一点有一定的难度。某些人感到喜欢别人比较困难。但是，如果你能学着多多喜欢别人，今后对别人产生好感就越容易。光靠嘴巴上说“我要去喜欢他人”是没用的。

“喜欢别人”是一种生活方式的结果，它是一种思维模式的产物。而能使你喜欢别人的一种思维方式，便是积极思想，也就是说，你必须以一种积极的态度，而非消极的想法对待其他人。

一个人如果只关心自己，他很难成为一个被人喜欢的人。要成为

令人敬重的人，必须将你的注意力从自己的身上转到别人身上去。哲学家威廉·詹姆斯说："人性中最强烈的欲望便是希望得到他人的敬慕。"这句话对于"别人"也同样适用，他人也希望得到你的敬慕。如果你只是过度地关心你自己，就没有时间及精力去关心别人。别人想获得你的关心，却无法从你这里得到，当然也不会去注意你。

一个人希望被别人喜欢、敬重，必须先学会关爱别人。要真正地去关心别人、爱别人，激励他们展现最好的一面。那样，正如不求报酬做善事终会有所回报一样，别人也会加倍地关心你、爱护你。最好的朋友是能将你内心中最好的潜质引导出来的人。你必须透过表面现象，看清一个人的真相。如果你帮助他，使他达到他内心中所期望的境界，你当然可以赢得他的敬重和信赖。如果在一个艰难的处境中，你能对一个人表现出你的理解和耐心，则不只是那个人，其他的人也同样会对你非常敬重。

你的行动和语言一样能表明思想，有时甚至比你的语言更明白、更直接。我们大都只是听人说话，而没有注意到行动也是一种语言，因此使人与人之间的沟通受到阻碍。

然而，我们大多数人甚至不知道如何倾听别人的谈话。当别人有问题来找我们时，我们常说得太多。而且我们总是试着提出太多建议，其实大多数时候最重要的也许只是沉默，同时把耐心、宽容和爱传达给对方。

受欢迎的人大多拥有一种特质：他们似乎知道如何使别人接受自己。谁能做到这一点，谁就能获得别人的喜爱。所以，过分以自我为中心的人总会令自己不快乐。

以自我为中心的人，常常不懂得接受自己。这种心境常会产生受挫感。因为一个人内心感到痛苦，其他人往往会不自觉地加剧他的紧张情绪，而且他在这样想的过程中更加造成了一种令人不满意的人际关系。

所以，如果你对他人真正有兴趣，并且认为他们很重要；如果你经常关心他们，这无疑会增加你获得成功和幸福的概率，别人也会因此而喜欢你。你必须向他们提供建设性的帮助，同时具备与人沟通的技巧。知道如何帮助别人是一门艺术，一个人如果知道该怎么做的话，他必能获得别人持久的感情。

所以，我们必须再说一遍：爱己必先爱人。

## 用爱打破心中的“冰点”

一位建筑大师阅历丰富，一生杰作无数，但他自感最大的遗憾就是把城市空间分割得支离破碎，而楼房之间的绝对独立则加速了都市人情的冷漠。大师准备过完65岁寿辰就封笔，而在封笔之作中，他想打破传统的设计理念，设计一条让住户交流和交往的通道，使人们不再隔离，而充满大家庭般的欢乐与温馨。

一位颇具胆识和超前意识的房地产商很赞同他的观点，出巨资请他设计。图纸出来后，果然受到业界、媒体和学术界的一致好评。

然而，等大师的杰作变为现实后，市场反应却非常冷漠，乃至创出了楼市新低。

房地产商急了，急忙进行市场调研。调研结果出来后，让人大跌眼镜：人们不肯掏钱买这种房的原因竟然是嫌这样的设计使邻里之间交往多了，不利于处理相互间的关系；在这样的环境里活动空间大，孩子们却不好看管；还有，空间一大，人员复杂，对防盗之类人人担心的事十分不利……

大师没想到自己的封笔之作会落得如此下场，心中哀痛万分。他决定从此隐居乡下，再不出山。临行前，他感慨地说：“我只认识图纸

**不认识人，是我一生最大的败笔。”**

我们可以拆除隔断空间的砖墙，谁又能拆除人与人之间厚厚的心墙呢？

心墙不除，人心会因为缺少氧气而枯萎，人会变得忧郁、孤寂。

在人与人之间的交往中，我们很多时候只是应付。比如，从上班的那一刻起我们就开始将自己关闭在一个小的空间内，懒得和别人打招呼，也懒得去和别人搞好关系。只顾忙着自己的事情，寂寞着一个人的寂寞，开心着一个人的开心。这便是冷漠，冷漠地看待世间的万物，世界上除了自己再没有了别人。

一个冷漠的人注定孤独，因为冷漠的人没有朋友，谁也不愿意和冷漠的人打交道，因为这样的人根本不在乎朋友只在乎自己。冷漠的人也注定不会幸福。

当我们身处困境难以脱身的时候，往往会希望别人能够助自己一臂之力，而我们看到的是冷漠的眼神，有时候真的不是世态炎凉，而是你平日里的冷漠造成了今天孤立无援。对于冷漠的人，别人给予他的也将是冷漠。

有这样一首歌：“这是心的呼唤，这是爱的奉献，这是人间的春风，这是生命的源泉。在没有心的沙漠，在没有爱的荒原，死神也望而却步，幸福之花处处开遍。只要人人都献出一点爱，世界将变成美好的人间。”的确，人与人之间的交往不是冷漠，而是爱。付出爱，你就会发现世界是“美好人间”。

爱是医治心灵创伤的良药，爱是心灵得以健康生长的沃土。爱，以和谐为轴心，照射出温馨、甜美和幸福。爱把宽容、温暖和幸福带给了亲人、朋友、家庭、社会。无爱的社会太冰冷，无爱的荒原太寂寞。爱能打破冷漠，让尘封已久的心重新温暖起来。

在与人交往时，将你的心窗打开，不要吝啬心中的爱，因为只有爱人者才会被爱。当你陷入困境时，你会得到许多充满爱心的关怀和帮助。

## 微笑着面对犯过错误的父母

晚饭过后，母亲忙着似乎永远也忙不完的家务。刚上五年级的女儿大声嚷嚷道："妈妈，问您一个问题，您的心愿是什么？"

母亲先是一愣，接着不耐烦地回答："心愿很多，跟你说也没用。"

女儿执拗地要求："您就说说看，这对我很重要。"

母亲看到女儿坚持的样子，就回答说："好吧，就说给你听听。第一，希望你努力学习，保持好成绩；第二，希望你听话，不让大人操心；第三，希望你将来考上名牌大学；第四……"

女儿打断母亲的回答："哎，妈妈，您不要总是说对我的期望，说说您自己的心愿吧？"母亲有滋有味地历数着，沉浸在对美好未来的种种设想之中："我嘛——一是希望身体健康，青春长驻；二是希望工作顺心，事业有成；三是希望家庭和睦，美满幸福；四是……"女儿再次打断母亲的回答："妈妈，您说的这些又大又空，说点实际的吧，如您想要……"

母亲好像猛然发现了什么似的，有些恼火地打断女儿的话："我就知道你跟我玩心眼儿，一定是老师留了关于心愿的作文题目，你写不出来就想到我这里挖材料对不对？实话告诉你吧，我的心愿多着呢！我想要别墅，我想要小轿车，我想要高档时装，看，我的手袋坏了，还想要一只真皮手袋，你看这些实际不实际？这些你都能满足我吗？跟你说顶什么用？好了，心愿说完了，你去写作业吧。"

女儿回到自己的房间，母亲觉得还意犹未尽，又站起身推开女儿的房门。女儿正在写作业，串串泪珠滚落，不停地用手背擦着。母亲的无名火又上来了，比刚才的声音还要高出几个分贝，吼道："你还觉得挺委屈是不是？你想偷懒是不是？你故意气我是不是？"

女儿解释："妈妈，我不是……"

"还敢顶嘴！告诉你，9点钟之前写不完这篇作文有你好瞧的！"母亲很权威地命令着，一扭身"砰"地把门关上。

第二天晚上吃完饭，女儿照例进屋写作业，母亲照例重复着每日必做的家务。

蓦然间，她发现茶几上多出一束鲜花，鲜花旁放了一个包装袋，包装袋上放了一张小纸条，纸条上面写着：

"妈妈：

今天是您的生日，我用平时攒的零花钱和这两年的压岁钱给您买了一只真皮手袋。让您高兴，这是我最大的心愿。

想给您一份惊喜却不小心惹您生气的孩子"

母亲的手颤抖了，呆呆地坐在沙发上说不出一句话。

孔子曾经讲过为人子女者如何对待父母的缺点问题，首先是委婉地劝说，发现父母的缺点不劝说是不对的，但应注意劝说的态度要温和。更重要的是，如果发现父母的错误不进行规劝，则不能称为孝子。

但是，当子女的规劝父母，而父母不听怎么办？孔子接下来说，在这种情况下，仍要对父母表示恭顺，虽然为父母不能改正错误和缺点而内心担忧，但不能心怀怨恨。

说到自己的父母，如何能够让他们远离不好的习气而靠近君子的行为呢？这就要劝谏他们放弃不良习惯，委婉说服。即使是说服不了，那也要对他们恭敬行孝，任劳任怨。因为他们毕竟是自己的父母，绝不能因为他们有过失就不孝顺。否则，自己连孝都做不到，又怎么去要求父母行义和道呢？也许在自己的孝心感召和耐心劝说下，父母会真正认识到自己的错误而加以改进的。

·第三节·

# 谅解是通往幸福的门

## 站在对方的立场上才能传递温暖

在美国的一次经济大萧条中，90%的中小企业都倒闭了，一个名叫丹娜的女人开的齿轮厂的订单也是一落千丈。丹娜为人宽厚善良，慷慨体贴，交了许多朋友，并与客户都保持着良好的关系。在这举步维艰的时刻，丹娜想要找那些老朋友、老客户出出主意、帮帮忙，于是就写了很多信。可是，等信写好后才发现：自己连买邮票的钱都没有了！

这同时也提醒了丹娜：自己没钱买邮票，别人的日子也好不到哪里去，怎么会舍得花钱买邮票给自己回信呢？可如果没有回信，谁又能帮助自己呢？

于是，丹娜把家里能卖的东西都卖了，用一部分钱买了一大堆邮票，开始向外寄信，还在每封信里附上两美元，作为回信的邮票钱，希望大家给予指导。她的朋友和客户收到信后，都大吃一惊，因为两美元远远超过了一张邮票的价钱。每个人都被感动了，他们回想了丹娜平日的种种好处和善举。

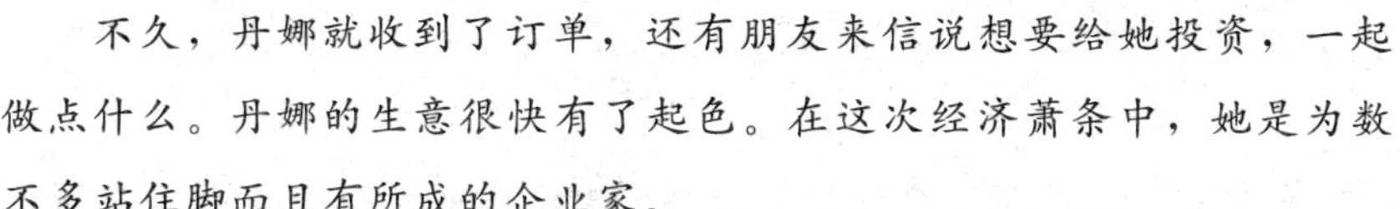

不久，丹娜就收到了订单，还有朋友来信说想要给她投资，一起做点什么。丹娜的生意很快有了起色。在这次经济萧条中，她是为数不多站住脚而且有所成的企业家。

时常有些人抱怨自己不被他人理解，其实，换个角度可能别人也有同样的感受。当我们希望获得他人的理解，想到“他怎么就不能站在我的角度想一想呢”时，我们也可以尝试自己先主动站在对方的角度思考，也许会得到意想不到的答案，许多矛盾误会也会迎刃而解。

沟通大师吉拉德说：“当你认为别人的感受和你自己的一样重要时，才会出现融洽的气氛。”我们需要多从他人的角度考虑问题，如果对方觉得自己受到重视和赞赏，就会报以合作的态度。如果我们只强调自己的感受，别人就会和你对抗。

换个角度替对方多思考一下，关系立刻就会变得缓和。生活中，请让我们相信，每一个有坏处的人都有他值得同情和原谅的地方。一个人的过错，常常不是他一个人所造成的，对这些人多一些体谅吧，从对方的角度出发，你的宽容就可以温暖一颗失落的心，他们也会把温暖传递给他人。

## 多给对方一些谅解

心理学大师卡耐基认为：谅解在中和酸性的狂暴感情上，有很大的价值。你所遇见的人中，有 3/4 都渴望得到谅解，那么给他们谅解吧，他们将会爱你。

你想不想拥有一个神奇的句子，可以阻止争执，除去不良的感觉，创造良好的氛围，并能使他人注意倾听？那么就以这样开始：“我一点也不怪你有这种感觉。如果我是你，毫无疑问，我的想法也会跟你的一样。”

像这样的一段话，会使脾气最坏的老顽固软化下来，而且你说这话时，可以有100％的诚意，因为如果你真的是那个人，当然你的感觉就会完全和他一样。

你目前的一切，原因并不全在你。记住，那个令你觉得厌烦、心地狭窄、不可理喻的人，他那副样子，原因并不全在于他。为那个可怜的家伙难过吧，可怜他、同情他，但是也要谅解他。你自己不妨默诵约翰·戈福看见一个喝醉的乞丐蹒跚地走在街道上时所说的这句话：“若非上帝的恩典，我自己也会是那样子。”

佳衣·满古是俄克拉荷马州吐萨市一家电梯公司的业务代表。这家公司同吐萨市一家最好的旅馆签有合约，负责维修这家旅馆的电梯。旅馆经理不愿给旅客带来太多的不便，每次维修的时候，顶多只准许电梯停开两个小时。但是电梯修理至少要8个小时，而且在旅馆方便停下电梯的时候，他的公司却不一定能够派出技工。

在满古先生能够为修理工作安排一位最好的技工的时候，他打电话给这家旅馆的经理。

他不去和这位经理争辩，他只说：“瑞克，我知道你们旅馆的客人很多，你要尽量减少电梯停开的时间。我了解你很重视这一点，我们要尽量配合你的要求。不过，我们检查你们的电梯之后，显示如果我们现在不把电梯修理好，电梯损坏的情形可能会更加严重，到时候停开时间可能会更长。我知道你不愿意给客人带来好几天的不方便。”

经理不得不同意电梯停开8个小时总比停开几天要好。由于满古表示谅解这位经理要使客人愉快的愿望，他很容易地说服了经理。

可见，在与人交往中，多一点对别人的谅解，更容易引起与他人的共鸣。

很多时候，我们会对自己不能理解的事情表示愤怒，可是，当我们开始尝试从对方的角度着想，或者开始对对方表示谅解的时候，我们就发现，那些曾经让我们为之愤怒的事情，也变得可以理解和接受了。

## 谁是谁非不重要

人生就像在考试，在不断地做题。学生常做的作业是选择题、是非题和填充题。

选择题胜在可以选择，即使不知道答案，也可以胡乱选一个碰碰运气。是非题随便答是或非，也有一半机会答对。填充题最难，根本无法蒙混过关。其实，是非题也不再容易，分清是非对错，并不代表你我成功了一半。

在这世上是非对错到底有什么评判标准呢？是与非的对比或是划分，应该怎么看呢？很多小时候觉得对的东西长大后却让人十分怀疑，现在的社会好像也和小时候不一样了，小的时候看东西，对就是对，错就是错，很容易分辨，现在却不明白了。

很多时候，一件事情本身的是是非非其实并不重要，重要的是我们所要达到的目的。顾客和售货员为谁应负责任争得脸红脖子粗，走了冤枉路的乘客和司机为谁没说清楚而大动干戈，事情越闹越大，该退的货没退成，该节约的时间没节约，双方都憋了一肚子的气，何苦呢？有人说："我就要争这个理儿！"是，争了一个"理"，的确有一种胜利的感觉，但你想没想到过这个理的代价呢？

很多时候，我们就为了跟别人争这个"理"，常常要吵个半天。如果脾气比较不好的，还可能跟人大打出手，甚至伤了人。所以面对这样的事情，最好是不争辩，能忍就忍了，放弃无谓的辩解，有时却能带给你意想不到的结果。下面这个故事便是个很好的例子。

“您好，”小李对老总说，“昨天我交给您的文件签了吗？”老板想了想，然后翻箱倒柜地在办公室里折腾了一番，最后他耸了耸肩，摊开两手无奈地说：“对不起，我从未见过你的文件。”如果是刚从学校毕业时的小李，他会义正词严地说：“我看到您的秘书将文件摆在桌子上，您可能将它卷进废纸篓了！”可他现在不会这样说，他要的是老总的签字。于是他平静地说：“那好吧，我回去找找那份文件。”于是，小李下楼回到自己办公室，把电脑中的文件重新调出再次打印，当他再把文件放到老总面前时，老总连看都没看就签了字。这就是小李在与上司发生冲突时的解决方式。

聪明的人会装傻，谁是谁非不重要。好汉不吃眼前亏，针尖对麦芒在某些场合是一种耿直与正义的表现，可是生活本身就是很复杂的，谁是谁非并不容易辨认。

有时候在路上遇到两个人争吵，你凑上前去看热闹，可是听来听去，也听不出个头绪来，各说各的理，你也弄不清楚哪个是真哪个是假。所以，不去判断对错是非，糊涂一下，忍耐一下往往是我们处世的一剂良方。

## 爱情要有激情，更要有理性

爱情是一种激情，而婚姻则是一种理性，缺少爱情就没有完美的婚姻，而爱情只产生快乐，婚姻则产生人生，快乐消失了，婚姻依旧

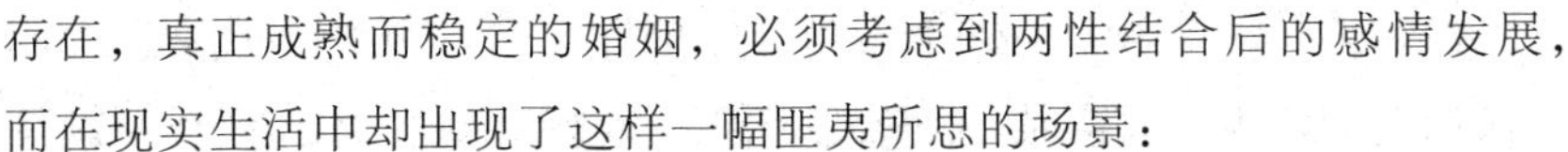

存在，真正成熟而稳定的婚姻，必须考虑到两性结合后的感情发展，而在现实生活中却出现了这样一幅匪夷所思的场景：

> 两秒钟可以冲好一杯速溶咖啡；两分钟可以把牙刷完；两小时可以看完一场精彩的足球比赛……在有限的时间内，想知道有人在做什么吗？闪婚一族说：“两秒钟可以爱上一个人；两分钟可以谈一场恋爱，两小时可以确定终身伴侣。”在如今这个一切都讲求速度的年代，原本给人以温馨、甜蜜、幸福的婚姻，就这样搭上了特快列车。闪婚，这一新的婚姻模式已在现代都市中悄然流行，而这些“闪婚族”们由于没有经过婚前的磨合期，缺乏免疫力，就很容易被残酷的现实所击倒。

与传统社会相比，现在是一个资讯非常发达的时代，广泛的人际交往使情感火花碰撞的空间变得无限，但外在诱惑对情感的威胁也加大了。闪婚一族多为年轻人，他们追求的大多是瞬间爆发的激情，即所谓的一见钟情。但瞬间的激情往往掩盖了双方的某些缺点，婚姻是现实的，当尘埃落定后这些缺点就会暴露无遗。在外在和内在的双重压力下，磨合不好的结果就是婚姻走向解体。

对于一个人来说，情感投入是一生中最重要的投入，一个婚姻关系的缔结，不仅仅代表两个个体的结合，更连接了两个家庭及各种社会关系。婚姻所带来的影响是非常大的，即使婚姻关系解除仍有许多问题存在。闪婚不可取，闪婚不可能做到来无影去无踪，选一个人过一段与过一辈子是不一样的，投入的精力也是不一样的，所以结婚时一定要慎重。

现今社会快节奏的生活，给人带来的压力大了，让人的心灵脆弱了，很多时候会盲目地寻求感情的慰藉，像吃快餐一样，饱了就行，营养的事就顾不得了，而婚姻恰恰是需要营养的，这个营养不是一蹴而就的，而是日积月累磨合出来的，这个磨合不仅在婚后，也有婚前的磨合，那就是了解。婚姻不是男女之间的游戏，不是一般意义上的普通朋友，两人一旦缔结婚姻就要承担生育、相互扶持、相互照顾等责任。基于此，不要轻易尝试闪婚。

据专家统计，一见钟情的婚姻成功率仅10%。同时，闪婚也不符合婚姻的基本规律，爱是婚姻的基石，爱需要双方深入了解。目前随着社会的快速发展，快餐式的爱情和婚姻会将婚姻家庭卷入缺乏理性的漩涡。婚姻的成功和稳定，需要感性、理性双轨发展，爱情列车才能行驶得稳定持久。不能只凭激情和感觉开单轨的磁悬浮，否则你的婚姻列车势必会脱轨。

## 抱怨抓不紧，不如给对方自由

人人都渴望美满的爱情，但是现实总是那么残酷，不断地打碎人们的美梦。自以为找到了爱情，实际上却是陷入了爱的陷阱。很多人无力自拔，一生都在痛苦和心力交瘁中度过。其实，只要你勇敢一点，改变自己，就能走出这个陷阱。

人生原本如月季花一般灿烂，如流星一般闪烁；该追求时就追求，该参与时就参与，该苦恼时就苦恼，该放弃时就放弃……即便是没有开出绚丽的花朵、结出甜美的果实；即便在瞬间化成尘埃，今生今世，也决无遗憾。

是的，我们需要家庭和朋友，这样能够减少我们的孤独感，让我们感觉到安全，但有些时候，人们之间已经没有爱了，却为了逃避寂寞而紧紧地纠缠在一起，最终给自己徒增许多的烦恼。

所以，当爱人和朋友带给你的痛苦多于欢乐时，你应该勇敢地结

束和他（她）的关系。一个人退出另一个人的生活，是很平常的事，只有果断地放弃，才能有时间和精力去寻求属于自己幸福。

一对性格不合的夫妇，丈夫8次提出离婚，而妻子就是死活不离。在法院判决中，女方总是胜诉，就这样一直拖了29年。29年的岁月过去了，这位妇女的青春年华在拖延不决中消失了，乌黑的头发已成白发，红润的脸颊变黄了，刻上了一道道岁月的痕迹，身体也被折磨得浑身病痛。

由于妻子的坚持，婚姻仍然存在，然而爱情早已荡然无存。她失去了幸福的家庭，失去了自己的青春，失去了健康的身体，失去了再婚的机会，孩子也没有因此追回父爱。

结果，法院还是判离了。离婚后不到两年，这位不幸的妇女就因病情加重而离开了人世。这位妇女的一生都是悲惨和不幸的，然而她的不幸多是因为自己不肯学会放手，即便对方已经对她没有一点留恋，她还认为自己对他是有爱的，所以不会离婚。而这样，痛苦的却是两个人。

所以，有时会爱也要学会放弃。我们越是害怕抓不住对方，就越可能失去。所以与其一直在恐惧和抱怨中渴望用爱捆住对方，莫不如让他带着爱自由飞翔。要知道，爱需要自由的空间。

我们应该让爱人有自己的天地，去做他喜欢做的事，譬如集邮，或是其他正当爱好。在你看起来，他的爱好也许傻里傻气，但是你千万不可嫉妒它，也不要因为你不能领会这些事情的迷人之处就厌恶它。你应该适时地迁就他。

有些时候要让爱人独自去做他喜爱的事，使他觉得拥有真正属于自己的东西。毫无疑问，爱人时常需要从捆在他脖子上的爱的锁链里挣脱出来。如果我们能够帮助并支持他，去培养一些有趣的爱好，并且给他合理的机会享受完全的自由，那么我们就是在做一些使他快乐的事了。

我们应当自信，真正的爱是可以超越时间、空间的。因此，作为婚姻的双方，在魅力的法则上，请留给彼此一段距离，这段距离不仅包含空间的尺度，同样包含心灵的尺度：留下你自己独特的性格，不要与他如影随形；留下你自己内心的隐私，不要让他感到你是曝光后苍白的底片；留下你一份意味深长与朦胧的神秘……不要试图挽留他离去的脚步，不要幻想他的目光永远专注于你，一切都应是自然形成。在你们之间留下一段距离，让彼此能够自由呼吸。

# 第七章

# 乐观豁达，包容人生的成与败

·第一节·

# 挑战逆境，笑对命运

## 点一盏信念之灯

15世纪时，哥伦布从海地岛海域向西班牙胜利返航。船队刚离开海地岛不久，天气就骤然变得恶劣起来。天空布满乌云，远方电闪雷鸣，巨大的风暴从远方的海上向船队扑来。这是哥伦布航海史上遭遇的最大一次风暴，有几艘船已经被风浪打翻了，船长悲壮地告诉哥伦布说："我们将永远不能踏上陆地了！"哥伦布叹了口气对船长说："我们可以消失，但我们的资料却一定要留给人类。"哥伦布在疯狂颠簸的船舱里，飞快地把最为珍贵的资料写在几页纸上，卷好，塞进一个玻璃瓶里并密封后，将玻璃瓶抛进了茫茫大海。

"相信有一天，这些资料一定会漂到西班牙的海滩上！"哥伦布自信而肯定地说。"绝不可能！"船长说，"它可能置身鱼腹，也可能被海浪击碎，或许被深埋海底。"哥伦布坚定地说："或许一两年，也许几个世纪，但它一定会漂到西班牙去，这是我的信念。上帝可以辜负生命，却绝不会辜负生命坚持的信念。"幸运的是，大部分船只在这次空前的海上风暴里死里逃生。回到西班牙后，哥伦布和船长都不停地派人在海滩上寻找那个漂流瓶，但直到哥伦布离开这个世界时，漂流瓶也没有找到。

1856 年，也就是哥伦布遭遇那场海上风暴三个多世纪后，大海终于把那个漂流瓶冲到了西班牙的比斯开湾。

从中可见，信念是人生奇迹的萌发点，有了它，一切都有可能。

信念，是所有成功人士心中屹立不倒的旗帜，有了它，一切奇迹都会出现。信念在人的精神世界里是挑大梁的支柱，没有它，一个人的精神大厦就极有可能坍塌下来。

信念是力量的源泉，是胜利的基石。

## 劣势有时能成为优势

有一个少年，在一次车祸中失去了右臂，但是他很想学柔道。

后来，少年拜一位柔道大师做了师父，开始学习柔道。他学得不错，可是练了三个月，师父只教了他一招，少年有点弄不懂了。

一天，他忍不住问师父："我是不是应该再学学其他招术?"

师父回答说："不错，你的确只会一招，但你只需要会这一招就够了。"

少年并不是很明白，但他很相信师父，于是就继续照着练了下去。

几个月后，师父第一次带少年去参加比赛。少年自己都没有想到居然轻轻松松地赢了前两轮。第三轮稍稍有点艰难，但对手还是很快就变得有些急躁，连连进攻，少年敏捷地施展出自己的那一招，又赢了。就这样，少年迷迷糊糊地进入了决赛。

决赛的对手比少年高大、强壮许多，也似乎更有经验。有一度少年显得有点招架不住，裁判担心少年会受伤，就叫了暂停，还打算就此终止比赛，然而师父坚持说："继续比赛！"

比赛重新开始后，对手放松了戒备，少年立刻使出他的那招，制服了对手，由此赢了比赛，得了冠军。

回家的路上，少年和师父一起回顾每场比赛的每一个细节，少年鼓起勇气道出了心里的疑问："师父，我怎么就凭一招就赢得了冠军？"

师父笑着说："有两个原因：第一，你几乎完全掌握了柔道中最难的一招；第二，就我所知，对付这一招唯一的办法是对手抓住你的右臂。"

有时候，我们会处于劣势之中，但一味地怨天尤人并不能改变什么。只有敢于挑战，敢于用心，"不利"才可能转化成"有利"。

佛罗里达州有一个农夫，当他买下一片农场的时候，他非常沮丧。那块地坏得使他既不能种水果，也不能养猪，能生长的只有白杨树及响尾蛇。然而，他想到了一个好主意——利用那些响尾蛇。他的做法使每一个人都很吃惊，因为他开始做响尾蛇肉罐头。而且，每年来参观他的响尾蛇农场的游客差不多有2000人，他的生意越做越大。

由他养的响尾蛇体内所取出的蛇毒，运送到各大药厂去做防蛇毒的血清；响尾蛇皮以很高的价钱卖出去做女士的鞋子和皮包；装着响尾蛇肉的罐头送到全世界各地的顾客手里。这个村子现在已改名为佛罗里达州响尾蛇村。

"天生我材必有用"。要勇于直面不完美的境地，要相信自己总有能做得很好的事情。

聪明的人能够实事求是地看自己，能从自身条件不足和所处不利环境的局限中解脱出来，去做自己能做的事。

把人生最弱的部分转化成强项，对任何人都很重要。

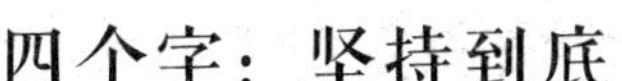

# 四个字：坚持到底

丘吉尔下台后，有一回应邀在牛津大学的毕业典礼致辞。那天他坐在首席，打扮一如平常，还是一顶高帽，手持雪茄。

经过一长串的介绍辞之后，丘吉尔走上讲台，注视观众，沉默片刻，他开口说："永远，永远，永远不要放弃！"接着又是长长的沉默，他又一次强调："永远，永远，永远不要放弃！"他又注视观众片刻，然后回座。

无疑，这是历史上最短的一次演讲，也是丘吉尔最脍炙人口的一次演讲。

多年以前，美国曾有一家报纸刊登了一则园艺所重金征求纯白金盏花的启事，在当地一时引起轰动，高额的奖金让许多人趋之若鹜。但在千姿百态的自然界中，金盏花除了金色的就是棕色的，还没有人能够有幸见过白色的金盏花，这根本不是一件易事。所以许多人一阵热血沸腾之后，就把那则启事抛到九霄云外去了。

一晃就是 20 年。一天，那家园艺所意外地收到了一封热情洋溢的应征信和一粒纯白金盏花的种子。当天，这件事就不胫而走，引起轩然大波。

寄种子的原来是一个年近古稀的老人。老人是一个地地道道的爱花人，当她 20 年前偶然看到那则启事后，便怦然心动。她不顾 8 个儿女的一致反对，义无反顾地干了下去。她撒下了一些最普通的种子，精心侍弄。一年之后，金盏花开了，她从那些金色的、棕色的花中挑选了一朵颜色最淡的，任其自然枯萎，以取得最好的种子。次年，她又把它种下去，然后，再从这些花中挑选出颜色最淡的花的种子栽种……日复一日，年复一年。终于，在20年后的一天，她在那片花园中看到一朵金盏花，它不是近乎白色，也并非类似白色，而是如银如雪的白。于是，一个连专家都解决不了的问题，在这位不懂遗传学的老人长期的坚持下，最终迎刃而解。这不是奇迹吗？

俗话说："滚石不生苔"。坚持不懈的乌龟能快过灵巧敏捷的野兔。如果能每天学习1小时，并坚持12年，所学到的东西，一定远比坐在教室里接受4年高等教育所学到的多。正如布尔沃所说："恒心与忍耐力是征服者的灵魂，它是人类反抗命运、个人反抗世界、灵魂反抗物质的最有力支持。从社会的角度看，考虑到它对种族问题和社会制度的影响，其重要性无论怎样强调也不为过。"

一个人之所以成功，不是上天赐给的，而是日积月累自我塑造得来的。幸运、成功永远只会属于辛劳的人，有恒心不轻言放弃的人，能坚持到底的人。

## 来一次破釜沉舟

我们都熟悉项羽破釜沉舟大破秦军的故事。无独有偶，西方也有类似的故事。

恺撒大帝在尚未掌权之前，是一位智勇双全的军事将领。有一次，他奉命率领舰队前去征服英伦诸岛。

在他检阅舰队准备出发前，才发现随船远征的军队人数少得可怜，而且武装配备也残破不堪。以这样的军力想征服骁勇善战的英伦军队，无异于以卵击石。

但恺撒当下还是决定启程，驶向英伦诸岛。舰队到达目的地之后，恺撒等所有兵士全数下船后，立即命令亲信部属一把火将所有战舰烧毁。同时他召集全体战士训话，告诉他们战船已经烧毁，所以大家只有两种选择：一是勉强应战，如果打不过勇猛的敌人，后退无路，那只能被赶入海中喂鱼；二是不管军力、武器、补给如何的不足，奋勇向前，攻下该岛，则人人都有活命的机会。

置之死地而后生。士兵们人人抱定必胜的决心，奋不顾身地冲锋陷阵，终于攻克强敌。而恺撒也因为这次辉煌的战绩，为日后独掌罗马帝国最高权力奠下坚实的基础。

当人们要进入艰难的环境时，有些人先小心地探测，以做万全的准备；有些人因为知道困难重重，而再三延迟行程，甚至取消原来的计划；又有些人，先一脚踏入那个环境，但仍留许多后路，看着情况不妙，就抽身而返；当然更有些人，心存破釜沉舟之念，打定主意，便全身投入，由于急着应付眼前重重的险阻，反倒忘记了许多痛苦。

## 失败，另一种收获

美国亚特兰大有一个业余药剂师潘伯顿，他想研制一种令人兴奋的药，他用桉树叶作为材料，做了很多努力，药效却不怎么样。

一天，一位患头痛的病人前来医治。潘伯顿让店员取他配制的药给那患者，可是，店员在给药时，不是冲入了清水，而是失误将苏打水冲进了药瓶。病人饮后，才发觉配方错了，所有人都大惊失色。

但奇怪的是，病人的头痛症减轻了，而且没有发生不良反应。

过了几天，潘伯顿突然受到了启发，他把配制的脑药和苏打水做了冲兑，进行试验，发现这些液体芳香可口，益气提神。结果，在他的改良下，可口可乐从药品变成了饮料，风靡全世界。

“失败乃成功之母”，没有失败，没有挫折，就无法成就伟大的事。

聪明的人会从失败中学到教训。失败者则是一再失败，却不能从其中获得任何经验。

“我在这儿已做了30年，”一位随从抱怨他没有升职，“我比你提拔的许多人都多了20年的经验。”

“不对，”将军说，“你只有一年的经验，你从自己的错误中，没学到任何教训，你仍在犯你第一年刚做时的错误。”

错误和失败是迈向成功的阶梯，任何成功都包含着失败，每一次失败都是通向成功不可跨越的台阶。

有志气有作为的人，并不是因为他们掌握了什么走向成功的秘诀，而恰恰在于他们在失败面前不唉声叹气、不悲观失望。

成功与失败并没有绝对不可跨越的界限，成功是失败的尽头，失败是成功的黎明。失败的次数愈多，成功的机会亦愈近。成功往往是最后一分钟来访的客人。

失败是生活中的一个组成部分，是有所进取、求变创新和参与竞争的过程中的一个正常的组成部分。只要你进取，就必然会有失误；只要你还活着，就绝不是彻底失败！

·第二节·

# 任何时候都不应该绝望

## 一切都会好起来的

一切都会好起来的。这句话很简单，却很有道理。即使你的眼前有许多的不顺利，但一定要坚强，因为一切都会慢慢好起来的。

确实，人生并非处处顺利平坦、尽是莺歌燕舞，而总是伴随着几多不幸、几多烦恼。一旦遭遇不顺和困难，你必须学会坚强，因为一切都会慢慢好起来的。

现在说起梅西，估计没有几个人不认识他。

梅西身高1.69米，体重68千克，被人们认为是又一个马拉多纳的化身。马拉多纳对这位小老乡的评价是："梅西是一位天才球员，前途不可限量。"

梅西12岁时来到巴塞罗那，在青年队中锤炼5年后进入一线队，他在2004年的南美青年锦标赛上踢进7球而成为最佳射手。如今，梅西已经凭借在足球场上的出色表现征服了全世界，他在2009年至2012年连续4年加冕FIFA金球奖，同时获得三次欧冠冠军、五次西甲冠军、两次世俱杯冠军、世青赛以及奥运会男足冠军等一系列荣誉。

但是你绝对不知道，梅西也曾经有过一段痛苦的往事。作为一个天才球员，他差点儿因为身体条件的原因而被埋没了。

1987 年 6 月 24 日，在阿根廷圣塔菲尔省的罗萨里奥中央市，继两个哥哥之后，梅西降生了。这个穷人家的孩子，身体孱弱，妈妈无暇照顾弱小的梅西，把他寄养在辛迪亚家，两人从幼儿园到小学一直在一起，辛迪亚见证了梅西童年所有的艰辛和欢乐，而梅西也把辛迪亚当成这个世界上唯一可以倾诉的人。

作为梅西最痴心的球迷，辛迪亚珍藏着梅西代表各个俱乐部效力时穿过的各种款式的球衣，这是梅西把自己多出来的一套送给了小女孩。辛迪亚总是坐在高高的看台上，看着她的英雄演出，她比任何人都更早而且更坚定地相信着梅西的足球天赋。那是一段多么幸福的时光。可惜美好的光阴总是容易逝去，11 岁的梅西被查出患有荷尔蒙生长素分泌不足，这将影响他骨骼的健康发育，也就是说，他将在 1.4 米的高度停滞不前。纽维尔斯老男孩俱乐部不想再为还未成名的梅西掏出每月 800 美元的治疗费用，梅西只能和父亲远赴他乡，去西班牙求助。那是在最后一场比赛后绝望的辞行，13 岁的梅西抱着辛迪亚号啕大哭，而辛迪亚抱着他说："不哭不哭，坚强点儿小不点儿，坚强点儿小不点儿，一切会好起来的。"

情况真的好了起来，他通过治疗长到了近 1.7 米，并在巴塞罗那如鱼得水，天赋尽显，无论是里杰卡尔德的肯定，还是其他教练的赞誉，甚至马拉多纳也亲自给他打电话进行鼓励，这都在向全世界发布一个信息：梅西已经与从前大不相同。小罗说："只有梅西才能骑在我的背上，我们是好兄弟。"

现在的梅西，因为足球集万千宠爱于一身，媒体、教练、队友、球迷把他当明星、孩子、兄弟、偶像般看待。但是在他内心里，他永远都忘不了辛迪亚在他耳边说“坚强点儿小不点儿，一切会好起来的”。

## 任何时候都不应该绝望

美国电视台开展的极限节目，因为魔鬼般的难度，让人看得心惊肉跳，吸引了千百万观众。每期6个人中，必定要有一个胜出，奖金额最少50万美元，诱惑巨大。

极限运动的宗旨就是把不可能的事变为可能。每次挑战，都有一项是人与虫子为伍的内容。举办人把丑陋的爬虫放在玻璃缸里。挑战者伸进头去，让这些虫子爬满自己的脸……据说此项挑战，比攀岩绝壁、蹦极更让人胆怯。

其中非洲大蛹是最难看、最丑陋、最令人恐惧的爬虫，它浑身是毛，口吐黏液。300只这样的恶虫在玻璃缸里一起蠕动，别说让人把头伸进缸里，就是看一眼都毛骨悚然。结果所有的参与者都拒绝了这项挑战。他们纷纷表示，就是丢掉50万美元，也绝不会碰这些丑陋的虫子！

然而，当这些丑陋的、令人作呕的大虫蜕壳后，人们却为之一震，原来它是世上最美丽的非洲蓝蝶。许多人都把它作为珍贵的标本收藏。你看，原本给你50万美元都拒绝碰一下的东西，事隔两个月，却变成了人人都想抚摸的漂亮蝴蝶。事情全变了！你是那么想抓到它，想与它亲近。

人生在世，一切都是运动的、变化着的。就是在最糟糕的时候，也没有必要绝望。别把事情看绝了，因为天下没有绝对的事！这是一个看问题的角度，这个角度会让你变得开朗、自信许多。因为没有绝对，你的心才永远不死，才愿意等待，并豁然期待着，直到一切都好起来！有时候，创造奇迹的不是巨人，也许只是心中埋藏的希望。

多克是一个信差，他始终坚信自己的使命就是向人们传递快乐。因此，他的口袋里总是装着许多小字条，上面写着一些鼓励性的话。他将信件和电报送到人们手中的同时，也留给他们一张小字条，告诉他们“今天是美好的一天”“要笑口常开”“别再烦恼”。

第二次世界大战期间，多克因为年龄太大而没有入伍，但他自告奋勇到野战医院做了一名志愿者，协助医院救死扶伤。有一天，他突发奇想，在医院的墙上写了一句话：“没有人会死在这里。”他的行为引起了大家的注意，医院的人说他疯了，也有人认为这句话无伤大雅，不必擦掉。

那句话一直没有人去管，就一直留在了那面墙上。后来，不但伤员，就连医生、护士包括院长，都渐渐地记住了这句话。伤病员们为了不让这句话落空而顽强地活着，医生和护士为了这句话，尽力地给予病人最精心的医治和护理。这个医院变成了一个坚强的医院，每个人的脸上都有一种盼望和坚毅的表情。

所以，请你时刻记住：永远不要绝望；就是绝望了，也要再努力，从绝望中寻找希望。成为积极或消极的人在于你自己的抉择。没有人与生俱来就会表现出好的态度或不好的态度，是你自己决定要以何种态度看待环境和人生！

# 不要因失败而退缩

有个年轻人去微软公司应聘，但该公司并没有刊登过招聘广告。见总经理疑惑不解，年轻人用不太娴熟的英语解释说，自己是碰巧路过这里，就进来了。总经理感觉很新鲜，破例让他一试。面试的结果出人意料，年轻人表现糟糕。他对总经理的解释是事先没有准备，总经理以为他不过是找个托词下台阶，就随口应道："等你准备好了再来试吧。"

一周后，年轻人再次走进微软公司的大门，这次他依然没有成功。但比起第一次，他的表现要好得多。而总经理给他的回答仍然同上次一样："等你准备好了再来试。"就这样，这个青年先后五次踏进微软公司的大门，最终被公司录用，成为公司的重点培养对象。

再试一次，你就有可能到达成功的彼岸。

事业取得成功的过程，实际上就是不断战胜失败的过程。因为任何一项大小事业要取得相当的成就，都会遇到困难，难免要犯错误，遭受挫折和失败。例如，在工作上想搞改革，越革新矛盾越突出；学识上想有所创新，越深入难度越大；技术上想有所突破，越攀登险阻越多。著名科学家法拉第说："世人何尝知道：那些经由科学研究工作者头脑里的思想和理论当中，有多少被他自己严格的批判、非难的考察，而默默地、隐蔽地扼杀了。就是最有成就的科学家，他们得以实现的建议、希望、愿望以及初步的结论，也达不到1/10。"这就是说，世界上一些有突出贡献的科学家，他们成功与失败的比率是 1∶10。至于一般人，与这个比率比当然要低得多。因此，在迈向成功的道路上，能不能经受住错误和失败的严峻考验，是一个非常关键的问题。

闻名于世的大作曲家贝多芬说："卓越的人的一大优点是：在不利于己的遭遇里百折不挠。"从事任何一项事情，先要决定志向，志向决定以后，就要全力以赴毫不犹豫地去实行。

法国作家凡尔纳年轻时写的第一本著作，是名为《气球上的五星期》的科学幻想小说。当他兴高采烈地将自己的处女作送给一家出版社时，总编辑翻了书稿后，感到书中说的尽是不切实际的幻想，而且写作手法也离经叛道，便婉言拒绝出版。在一连被15家出版社拒之门外之后，凡尔纳开始灰心丧气，他坐在火炉旁撕开手稿，一张一张地往火炉里扔，幸亏他的妻子发现，才阻止了他的焚书行动，并劝他再试一次。凡尔纳第二天又将书稿整理好送到第16家出版社。出乎意料，这家出版社独具慧眼，不仅立即给予出版，而且与凡尔纳签订了为期20年的合同，要凡尔纳把今后写的全部科幻小说交给他们出版。《气球上的五星期》出版后，立即轰动文坛，凡尔纳一举成名。

成功往往就在于——面对失败不退缩。试想，凡尔纳如果不跑这第16家出版社，还会有这部不朽的传世名作吗？还会有大作家凡尔纳吗？所以，遇到挫折，千万不能退缩，不能轻易放弃。只有努力尝试，才能成功。

任何成功都包含着失败，每一次失败是通向成功不可跨越的台阶。爱因斯坦指出："正确的结果，是从大量错误中得出来的，没有大量错误做台阶，也就登不上最后正确结果的高峰。"有志气有作为的人，并不是因为他们掌握了什么走向成功的秘诀，而恰恰在于他们在失败面前不唉声叹气、不悲观失望。

大发明家爱迪生经过几千次的失败，才最终发明了电灯，给世界人民带来了黑夜中的光明。他在总结这段经历时说：“我对电灯问题，钻研最久，试验最苦，但是从未灰心，更不信它试验不成！失败和成功对我一样有价值。”

著名药物学家欧立希发明了一种名叫砷矾纳明的新药，这种药能够治疗梅毒病和昏睡病。他在试制过程中，遭受过605次失败，这使他痛苦万分，但他并未就此止步，而是继续坚持试验，终于在第606次实验中取得了成功。因此，欧立希把这种新药命名为“606”。一盏电灯要试验几千次，一种新药要试验几百次，这中间经历了多少艰辛！

往往，最后的成功正是孕育在千百次的失败之中。其实，成功与失败并没有绝对不可跨越的界限，成功是失败的尽头，失败是成功的黎明。失败的次数愈多，成功的机会亦愈近。成功与失败的差距只在完全做对一件事情和几乎做对一件事情。如果你能在挫折面前不退缩，那么，你一定能走向成功。

## 有了希望就能战胜苦难

公元前334年，亚历山大大帝在出发远征波斯之前，把自己所有的财产全部分给了臣下。

一名随从非常惊讶地问：“陛下，那你带什么启程呢？”

亚历山大自信地回答说：“我只带一种财富，那就是‘希望’！”

希望，是一个人一生中最为珍贵的财富，它远胜于世上任何有形的财宝。

在大学里，章霄最不喜欢上经济学的课，因为他很讨厌经济学教授老范，甚至和有些狂傲的老范在课堂上言辞激烈地争吵过。

大学最后一年，在求职过程中接连遭受打击的章霄又和女友分了手。整个世界似乎塌了下来，章霄患上了抑郁症。从此，上医院就成了他生活中的一部分。夏末的一个黄昏，章霄意外地在医院里遇见了老范，他正微笑着哄着身边的一个和他年纪相仿的女人。他没有注意到章霄的存在。于是，章霄冷笑着走进了病房。

当章霄再次走出病房的时候，却吃惊地发现老范正独自一人哭倒在洗手间里……

那天，他们聊了很多，老范告诉章霄——他和妻子为了在这个城市里站住脚吃了很多苦，而现在他们的女儿很有可能永远看不到任何东西了——他还要强作欢颜安慰妻子。

"每个人都是一滴水银，即使摔得支离破碎，也要迅速凝聚起来，只要坚信希望，任何困难都能挺过去。"分手的时候，老范擦干眼泪对章霄说。

从那之后，章霄常常去听老范的课，不为别的，只为他那种坚强乐观的水银精神。是的，只要不放弃希望，没有过不去的坎，没有克服不了的困难。

1992年3月的《读者文摘》，刊载了一篇发人深省的作品。

文中讨论的四部影片是：《山水喜相逢》《洛基》《火战车》《甘地传》。该文作者分析这四部影片叫好又叫座的一些共同原因时，说："它们反映人性本善、宣扬种种受人尊敬的情操：勤奋、苦干、自重；表现出对家庭、朋友、社会的爱心；显示了一个人能对他自己的一生和别人的一生造成多大的改变；最重要的，它们给了我们希望。"

在这一段话里，最能引起人共鸣的，是最后一句："它们给了我们希望。"有时候，创造奇迹的不是巨人，也许只是心中埋藏的希望。一句鼓励的话语，就能给对方一个免费却珍贵的礼物——希望。希望，在我们的生命里，微不足道，却往往重如千钧。

一个俄国的心理学家做过一个试验：将两只大白鼠丢入一个装了水的器皿中，它们拼命地挣扎求生，结果只维持了 8 分钟左右。然后，在同样的器皿中放入另外两只大白鼠，在它们挣扎了 5 分钟左右的时候，放入一个可以让它们爬出器皿外的跳板，这两只大白鼠得以活下来。若干天以后，再将这对大难不死的大白鼠放入器皿中，结果真的有些令人吃惊：两只大白鼠竟然可以坚持 24 分钟，是一般情况下能够坚持时间的 3 倍。

这位俄国的心理学家总结说，前面两只大白鼠，没有任何逃生经验，只能凭自己本来的体力挣扎求生；而有过逃生经验的大白鼠却多了一种精神的力量，它们相信在某一个时候，一个跳板会救它们出去，这使得它们能够坚持更长的时间。这种精神力量，就是希望。

那个试验还没有讲完。有人想着那两只大白鼠，总觉得不是滋味，就略带反感地对那位心理学家说：“有希望又怎么样，那两只大白鼠最后还不是死了。”心理学家出人意料地回答说：“没有死，在第 24 分钟时，我看它们实在不行了，就把它们捞上来了。有积极心态的大白鼠更有价值，更值得活下去；我们人类应该尊重一切希望，哪怕是一只大白鼠内心的希望。”

这个实验虽然残酷了一点，但给人很大的教益。实际上我们不必做那样的试验就可以知道，在艰难困苦之中，心中有希望和心中没有希望，对我们的行为会有完全不同的影响，结果当然也就完全不一样了。大白鼠的希望，是人给它们的；而我们人类自己，在任何时候、任何地点、任何困难的情况下，都能够自己给自己希望。

希望是一种伟大的力量。在很多情况下，希望的力量比知识的力量更强大。因为只有在有希望的前提下，知识才能被更好地利用。第二次世界大战期间，德国法西斯虽然拥有很先进的武器和强大的军队，但内心的绝望还是导致了他们的迅速溃败。

所以，一个人，即使他一无所有，只要他有希望，他就可能拥有一切；而一个人即使拥有一切，却不拥有希望，那就可能丧失他已经拥有的一切。

## 熬过去就是胜利

往往，再多一点努力和坚持便能收获到意想不到的成功。以前做出的种种努力、付出的艰辛，便不会白费。令人感到遗憾和悲哀的是，面对一而再、再而三的失败，多数人选择了放弃，没有再给自己一次机会。

乔治的父亲辛曾经是个拳击冠军，如今年老力衰，卧病在床。

有一天，父亲的精神状况不错，对他说了某次赛事的经过。

在一次拳击冠军对抗赛中，他遇到了一位人高马大的对手。因为他的个子相当矮小，一直无法反击，反而被对方击倒，连牙齿也被打出血了。

休息时，教练鼓励他说："辛，别怕，你一定能挺到第12局！"

听了教练的鼓励，他也说："我不怕，我应付得过去！"

于是，在场上他跌倒了又爬起来，爬起来后又被打倒，虽然一直没有反攻的机会，但他却咬紧牙关支持到第12局。

第12局眼看要结束了，对方打得手都发颤了，他发现这是最好的反攻时机。于是，他倾全力给对手一个反击，只见对手应声倒下，而他则挺过来了，那也是他拳击生涯中的第一枚金牌。

说话间，父亲额上全是汗珠，他紧握着乔治的手，吃力地笑着："不要紧，有一点点痛，我应付得了。"

在人生的海洋中航行，不会永远都一帆风顺，难免会遇到狂风暴雨的袭击。在巨浪滔天的困境中，我们更须坚定信念，随时赋予自己生活的支持力，告诉自己"我应付得了"。当我们有了这份坚定的信念，困难便会在不知不觉中慢慢远离，生活自然会回到风和日丽的宁静与幸福之中。唯有相信自己能克服一切困难的人，才能激发勇气，迎战人生的各种磨难，最后成就一番大业！记住，只要你有决心克服，就一定能走过人生的低谷。

卡耐基在被问及成功秘诀的时候说道："假使成功只有一个秘诀的话，那应该是坚持。"人生道路中的很多苦难和痛苦都是如此，只要熬过去了，挺住了，就没什么大不了的。

只要坚持到底，就一定会成功，人生唯一的失败，就是当你选择放弃的时候。因此，当你处于困境的时候，你应该继续坚持下去，只要你所做的是对的，总有一天成功的大门将为你而开。

查德威尔是第一个成功横渡英吉利海峡的女性。她没有满足，决定从卡塔林岛游到加利福尼亚。

旅程十分艰苦，刺骨的海水冻得查德威尔嘴唇发紫。她快坚持不住了，可目的地还不知道有多远，连海岸线都看不到。

越想越累，渐渐地她感到自己的四肢有千斤那么沉重，自己一点劲都使不上了，于是对陪伴她的船上工作人员说："我快不行了，拉我上船吧！"

"还有一海里就到了啊，再坚持一下吧。"

"我不信，那怎么连海岸线都看不到啊！快拉我上去！"看她那么坚持，工作人员就把她拉上去了。

快艇飞快地往前开去，不到一分钟，加利福尼亚海岸线就出现在眼前了，因为大雾，只能在半海里范围内看得见。

查德威尔后悔莫及，居然离横渡成功只有一海里！为什么不听别人的话，再坚持一下呢？

拿破仑曾经说过："达到目标有两个途径——势力与毅力。势力只有少数人所有，而毅力则属于那些坚韧不拔的人，它的力量会随着时间的推移而至无可抵抗。"往往，再多一点努力和坚持便收获到意想不到的成功。以前做出的种种努力、付出的艰辛，便不会白费。令人感到遗憾和悲哀的是，面对一而再、再而三的失败，多数人选择了放弃，没有再给自己一次机会。所以，无论我们处于什么样的困境，遭遇多大的痛苦，我们都应该激励自己：离成功我只有一海里，只要熬过去就是胜利！

## 把握现在更有意义

从前有个年轻英俊的国王，他既有权势，又很富有，但却为两个问题所困扰：

1. 我一生中最重要的时光是什么时候呢？

2. 我一生中最重要的人是谁？

他对全世界的哲学家宣布，凡是能圆满地回答出这两个问题的人，将分享他的财富。哲学家们从世界各个角落赶来，但他们的答案没有一个能让国王满意。

这时有人告诉国王，在很远的山里住着一位非常智慧的老人，国王马上就出发了。

国王到达那个智慧老人居住的山脚下后，装扮成一个农民。

他来到智慧老人住的简陋的小屋前，发现老人盘腿坐在地上，正在挖着什么。“听说你是个智慧的人，能回答所有问题，”他说，“你能告诉我谁是我生命中最重要的人、何时是我一生中最重要的时刻吗？”

“帮我挖点土豆，”老人说，“把它们拿到河边洗干净。我烧些水，你可以和我一起喝一点汤。”

国王以为这是对他的考验，就照老人说的做了。他和老人一起待了几天，希望他的问题能得到解答，但老人却没有回答。

最后，国王对自己和这个人一起浪费了好几天的时间感到非常气愤。他拿出自己的国王印玺，表明了自己的身份，宣布老人是个骗子。

老人说：“我们第一天相遇时，我就回答了你的问题，但你没明白我的答案。”

“你的意思是什么呢？”国王问。

“你来的时候我向你表示欢迎，让你住在我家里。”老人接着说，“要知道过去的已经过去，将来的还未来临——你生命中最重要的时刻就是现在，你生命中最重要的人就是现在和你待在一起的人，因为正是他和你分享并体验着生活啊。”

只有活在“现在”，你才可以真正地体验生活，并享受生活的各种快乐。我们内心的平安，有相当大程度取决于我们活在当下的多寡。不论昨天发生了什么，不管明天会不会发生什么，当下才是你所在的地方，也是你起步的地方。

一个人到夏威夷旅游，一天黄昏时他在海滩漫步，忽然看见远处有一个人像是在跳舞似的。走近些时，他看清楚原来这个本地人在不停地拾起由潮水冲到沙滩上的鱼，并一条条地用力地把它们抛回大海去。

他于是奇怪地问本地人："晚安！朋友，你在干什么呢？"

那人说："我在把这些鱼抛回海里。你看，现在正是退潮，海滩上这些鱼全是给潮水冲到岸上来的，很快这些鱼便会因缺氧而死了！"

"我明白。不过这海滩有数不尽的鱼，你有能力把它们全部送回大海吗？你可知道你所做的作用并不大啊！"

那位本地人微笑着，继续拾起另一条鱼，一边抛一边说："但起码我改变了这条鱼的命运呀！"

于是他恍然大悟！的确，虽然有很多美好的事情我们不能去实现，但是如果把握现在，就能改变了一切！

过去的已成历史，未来还遥不可及，我们能把握的只有现在。珍惜光阴，把握现在，这是我们必须明白的人生道理。

一位考古学家在古希腊的废墟里发现了一尊双面神像。由于从来没有见过这种神像，考古学家忍不住问它："你是什么神？为什么会有两副面孔？"

神像回答说："人们都叫我双面神，我一面回望过去，汲取教训；一面展望未来，充满憧憬。"

考古学家忍不住问："那么现在呢？"

"现在！"神像愣住了，"我只看着过去和未来，我哪管得了现在啊！"

考古学家说道："过去已经远去了，未来还没有到来。我们能把握的只有现在啊！你对过去总结得再好，对未来的构想无论多么美好，如果不能把握现在，那又有什么意义呢？"

神像听了，恍然大悟："你说得没错。我只关注过去和未来，而从来没想过现在，所以才被人们抛弃在废墟里啊！"

卡耐基曾经说过：“人要生活在今天的密封舱里，就是要人专心过好当下的生活。”因为过去的已经过去，仅仅回忆是没有什么意义的。同时，人也不能总担心未来的事情，因为未来总是不确定的，我们所担心的事情多半不会发生。过去的意义就在于它为我们现在的生活提供指导，它能让我们看得更清楚。未来的意义也是为我们的现在树立目标，现在的所有努力都是围绕将来的目标。总之，过去的已经过去，未来还遥不可及，我们唯一能把握的只有现在了。

·第三节·

# 淡定豁达，没有真正的输赢人生

## 豁达是心灵的解药

豁达，是荡涤红尘的一杯清茶，是摆脱烦恼的一道良方，是纯净心灵的解药。

我们一生中不可能永远都是风平浪静，人生遭际不是个人力量所能左右的，而在诡谲多变的环境中，唯一能使我们不觉其拂过的办法，就是使自己变得豁达。以豁达之心去面对以前痛苦的遭遇，不幸便将会远离我们，要学会随遇而安。

豁达不仅能让自己的心灵得到拯救，同时也能拯救别人的心灵。对自己身上发生的一切，如果都能以一种大度、坦然的态度去对待，那么我们与他人的关系将会是融洽和愉快的。美国第三任总统杰弗逊与第二任总统亚当斯从交恶到宽恕就是一个生动的例子。

杰弗逊在就任前夕，到白宫去想告诉亚当斯说，他希望针锋相对的竞选活动并没有破坏他们之间的友谊。但据说杰弗逊还来不及开口，亚当斯便咆哮起来："是你把我赶走的！是你把我赶走的！"

一气之下，两人没有交谈达数年之久，直到后来杰弗逊的几个邻居去探访亚当斯，这个坚强的老人仍在诉说那件难堪的事，但接着冲口说出："我一直都喜欢杰弗逊，现在仍然喜欢他。"邻居把这话传给了杰弗逊，杰弗逊便请了一个彼此皆熟悉的朋友传话，让亚当斯也知道他的深重友情。后来，亚当斯回了一封信给他，两人从此开始了美国历史上最伟大的书信往来。

这个例子告诉我们，豁达是一种多么可贵的精神、高尚的人格。在卡耐基身上也曾发生过类似的事，卡耐基的豁达也为他赢得了尊重。

有一次，戴尔·卡耐基在电台上介绍《小妇人》的作者时一不小心说错了地理位置。其中一位女听众就狠狠地写信来骂他，把他骂得体无完肤。卡耐基当时真想回信告诉她："我把区域位置说错了，但从来没有见过像她这么粗鲁无礼的女人。"但他控制了自己，没有向她回击，他鼓励自己将敌意化解为友谊。卡耐基自问："如果我是她的话，可能也会像她一样愤怒吗？"然后，他站在她的立场上来思索这件事情。最后，他打了个电话给她，再三向她承认错误并表达歉意。这位太太终于接受了他的道歉，并表示了对他的敬佩，希望能与他进一步深交。

我们说豁达是心灵的解药，是因为它是一种人生境界，是一种超脱与淡定。豁达的人不会为他物所牵绊，所以心自然是沉着从容的。

第二次世界大战期间，一支美军部队在森林中与敌军相遇，激战后两名士兵与部队失去了联系。这两名士兵来自同一个小镇。两人在森林中艰难跋涉，他们互相安慰、互相鼓励。十多天过去了，仍未与部队联系上。有一天，他们打死了一只鹿，依靠鹿肉又艰难度过了几天，可也许是战争使动物四散奔逃或被杀光，这以后他们再也没看到过任何动物。他们仅剩下的一点鹿肉，背在其中一个年轻士兵的身上。有一天，他们在森林中又一次与敌人相遇，经过再一次激战，他们巧妙地避开了敌人。就在自以为已经安全时，只听一声枪响，走在前面的年轻士兵中了一枪——幸亏伤在肩膀上！后面的士兵惶恐地跑了过来，他害怕得语无伦次，抱着战友的身体泪流不止，并赶快把自己的衬衣撕下包扎战友的伤口。

晚上，未受伤的士兵一直念叨着母亲的名字，两眼直勾勾的。他们都以为他们熬不过这一关了，尽管饥饿难忍，可他们谁也没动身边的鹿肉。天知道他们是怎么过的那一夜。第二天，部队救出了他们。

事隔30年，那位叫科努格的受伤士兵说："我知道谁开的那一枪，他就是我的战友。当时在他抱住我时，我碰到了他发热的枪管。我怎么也不明白，他为什么对我开枪？但当晚我就宽恕了他。我知道他想独吞我身上的鹿肉，我也知道他想为了他的母亲而活下来。此后30年，我假装根本不知道此事，也从不提及。战争太残酷了，他母亲还是没有等到他回来，我和他一起祭奠了老人家。那一天，他跪下来，请求我原谅他，我没让他说下去。我们又做了几十年的朋友，我宽恕了他。"

豁达是心灵的最佳解药，拥有一颗豁达的心，在工作和生活中我们将从根本上远离不幸。

## 知足者能享天人之福

知足是快乐的重要条件。托尔斯泰曾说："欲望越小，人生就越幸福。"知足者认识到了无止境的欲望只能带来痛苦，所以才能摒弃欲望，享天人之福。

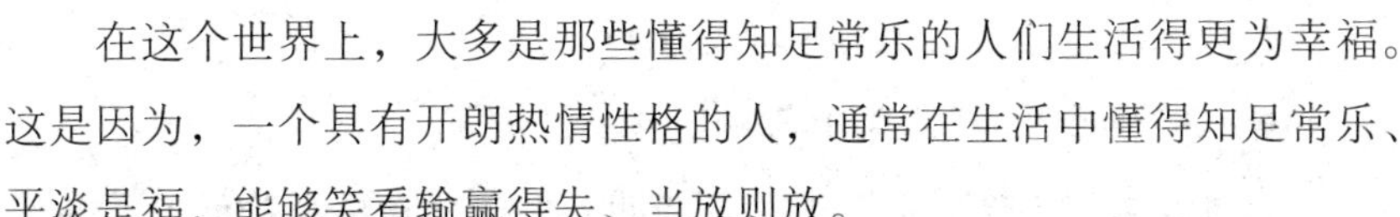

在这个世界上，大多是那些懂得知足常乐的人们生活得更为幸福。这是因为，一个具有开朗热情性格的人，通常在生活中懂得知足常乐、平淡是福，能够笑看输赢得失、当放则放。

有了一颗知足的心，人才会有真正的宁静、真正的喜悦、真正的幸福。知足常乐，是一种与世无争而又安于平凡的心境，也是一种不经意间的幸福。人如果贪欲越多，就会陷入对名利的追逐，后来他们得到越多，就越去追逐，这就是所谓的“知足之人不知穷，不知足之人不知富”。

有一个失意的城里人对生活失去了信心，他走进一片原始森林，准备在那里了却残生。

失意人发现一只猴子正在目不转睛地看着他，便招手让猴子过来。

“先生，有何吩咐？”猴子有礼貌地打着招呼。

“求求你，找块石头把我砸死吧！”失意人央求猴子。

“为什么？阁下难道不想活了？”猴子瞪着眼睛问。

“我真是太不幸了……”失意人话一出口，泪水便哗哗地流了出来。

“能跟我谈谈吗？我也是灵长类呀！”猴子善解人意地说。

失意人泪流满面地说：“跟你谈有什么用……当年我差了一分，没有考上牛津大学……呜……”

“你们人类不是还有别的大学吗？你是不是找不到异性？”猴子觉得上什么大学无所谓，有没有异性可是个原则问题。

“呜……”失意人又哭了起来，“当年有十几个美女追求我，最后我只得到其中一个……”

“这确实有点不公平！”猴子说，“不过，您毕竟还捞上了一个。工作上有什么不顺心吗？”

“工作了十来年，才评上一个副教授。你说说，这书还怎么教下去？”失意人转悲为愤，怒气冲冲地说。

“薪水够用吗？”这只猴子又问。

“够用什么！每个月除了吃、穿、用，只剩下 800 多块钱，什么事也干不了！”失意人满腹牢骚。

“那您真的不想活啦？”猴子紧紧盯着失意人的双眼，严肃地问。

“不想活了！你还等什么，快去找石头啊！”失意人不想再跟猴子啰唆。猴子犹豫了一下，终于抓起来一块石头。就在它即将砸向失意人脑袋的时候，突然问失意人：“阁下，在您死之前能把您的地址告诉我吗？让我去顶替您算了。”

这看似一个笑话，但却反映出了我们身边的现实。其实，我们拥有的已太多，但我们总是不知足，不知道珍惜。但如果我们不懂得珍惜已经拥有的东西，得到的再多又有什么意义。

知足是什么呢？知足就是：别人的钱比自己多，我不嫉妒，钱少可以俭朴点、量入为出；别人吃山珍海味，我不眼馋，粗茶淡饭也照样吃得健康结实，并且同样香甜；别人有名牌时装、花园洋房，我不羡慕，房小可以安排得紧凑点，照样收拾得窗明几净，衣服穿不起名牌，青衣布衫也舒适……

什么又是常乐呢？常乐就是：有一份糊口的工作，虽然薪水不高，但能维持日常的生活，想想也欣慰。有一位爱自己的配偶，也许是一个最普通的人，没有权钱与容貌，但有一份真挚的爱情。还有一个活泼可爱孩子，也许学习成绩平平，但身体健康……

以上这些难道不是欢乐和幸福吗？实际上，如果你仔细想想，就会发现身边的欢乐数也数不清。这就是我们普通人的天人之福。

所以，真正的幸福不是每天都追求到了什么，而是每天都怀有一颗满足的心愉快地生活。满足的秘诀在于知道如何享受自己的所有，并能驱除自己能力之外的物欲。既然我们都是普通人，那么，那些超

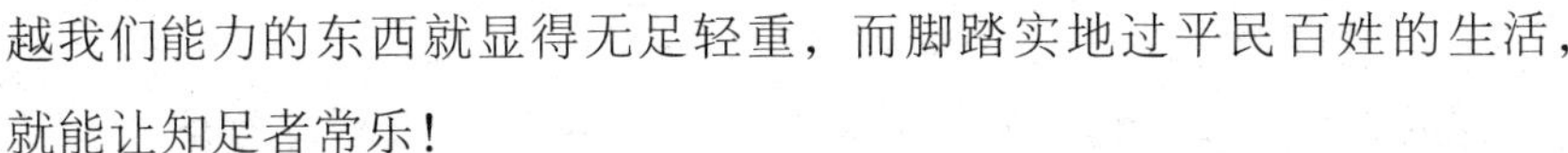

越我们能力的东西就显得无足轻重，而脚踏实地过平民百姓的生活，就能让知足者常乐！

## 人生不在输赢

人生没有永久的成功与失败，人生就是由成功和失败串联而成的，所以人生的真正目的并不在于分出输赢。

有的人说："'赢'就是拥有许多美好的事物，'输'就是背负着一切不如意的事物，换句话说，'赢'就是成功，'输'就是失败。"

这个答案正确吗？如果真是这样的话，那么请问什么是美好的事物？什么又是不如意的事物？其实，它们的界限是很模糊的，每个人都有关于美好和如意的标准，所以我们不能轻易地判断一个人的人生是成功还是失败，所以并没有真正的输赢人生。

人生的价值不在输赢，而是在实现自己的过程中，自己是否尽了最大的努力。结果并不是最重要的，不要为了名利争个你死我活。为了名利争斗，谁都不会赢。

1991年7月1日晚，在法国阿斯克新城举行的国际田径赛，吸引了两万多观众。这是美国的卡尔·刘易斯和加拿大的本·约翰逊，继汉城奥运会后首次在100米赛跑中较量。观众就是冲着这一较量来的。本·约翰逊在汉城奥运会上，因服用违禁药物，被取消了成绩，判罚停赛两年。今年复出，两人再次同赛角逐，格外引人注目。

但比赛结果出人预料，冠军被美国的另一名好手米切尔摘取了，卡尔·刘易斯获亚军，而本·约翰逊只列第7名。尽管如此，曾获6枚奥运会金牌的卡尔·刘易斯对能击败本·约翰逊而感到满意。他终于赢了约翰逊。

赛后，本·约翰逊想跟卡尔·刘易斯握手，但遭到拒绝，给了本·约翰逊个冷脸，使其大失面子。这是为什么呢？原来是因为，在1988年汉城奥运会上，本·约翰逊以9秒79的惊人成绩，创造了“下世纪的纪录”。当时，也是这次100米决赛的终点处，卡尔·刘易斯走上前来同他握手，表示祝贺，但他却有意视而不见，傲慢地一扭头擦肩而过。

细心的观众都会记得这段经过，这一次轮到自己头上了，本·约翰逊失败后，被卡尔·刘易斯还以颜色，可谓是“以其人之道，还治其人之身”。但这次是刘易斯赢了，那么下次呢？两个人赢了一次都不可一世，这符合真正的体育精神吗？体育竞赛的精神，不在于分出个强弱排名，而在于拼搏、奋斗！人生也是如此！

梁启超先生曾说：“宇宙间的事，没有绝对的成功和失败。‘成功’这个名词，是表示圆满的观念，‘失败’这个名词，是缺陷的观念。圆满是宇宙进化的终点，到了终点，进化便休止，进化休止不消说是连生活都休止了，所以平常所说的成功与失败，不过是指人类活动休息的一小段落。”所以，硬是拼了性命去分出个输赢有什么意义呢？

其实，人生是由无数个失败和成功加起来的。人觉得自己是失败的，便会立即坠入痛苦的深渊；而有时候我们做出了许多自以为成功的事，事后却证明是失败之作，如果能看淡成功和失败的分界，不去计较输赢，反而轻松了许多。这样的人生态度，看似消极，其实是透彻。世间事很少祸福分明，成功中藏着失败，失败里也会蕴涵着成功。所以放轻松一些，人生并不在输赢！

# 能拿得起就要能放得下

“拿得起”不仅仅是应在踌躇满志时，“放得下”也绝不仅仅是应在遭受挫折时。在人生的每时每刻，我们都应把它们看作一个整体。一个人在处事中，拿得起是一种勇气，放得下是一种肚量。

在热带丛林里，猎人经常制作一些笼子捕猎猴子，笼子里挂着果实，笼子上开一个小口，刚好够猴子的前爪伸进去，如果猴子抓住坚果就无法将爪抽出来。而猴子有一种习性，就是不肯放弃已经到手的东西，所以它们最终就成了猎人的猎物。

猴子被捉的悲剧告诉我们，在生活中必须学会“拿得起放得下”，学会适时松开手。人生的成败往往蕴含于取舍之间，“放得下”的关键在于你是否能够在人生道路上进行果敢的取舍。

拿得起，实为可贵；放得下，是人生处世之真谛。成大事业者不会计较一时的得失。他们都知道放下什么，如何放下。放得下，你就可以轻装前进。放得下，你就可以摆脱烦恼和纠缠，整个身心沉浸在轻松悠闲的宁静中去。

放得下会使你赢得别人的信赖；放得下会改变你的形象，使你显得豁达豪爽；放得下还会使你变得更能干、更精明、更有力量。在这个世界上，为什么有的人活得轻松，而有的人活得沉重？前者是拿得起，放得下；而后者是拿得起，却放不下，所以沉重。

放下心中所有难言的负荷，放下失恋的痛楚，放下费尽精力的争吵，放下屈辱留下的仇恨，放下对虚名的争夺，放下对权力的角逐……凡是次要的、枝节的、多余的，该放下的都要放下。只有放得下，才能将该拿起的东西更好地把握住。

由于清朝晚期科场中贿赂盛行，舞弊成风，蒲松龄四次考举人都落第了。最后他放弃了“科考”这条可以使自己走上仕途的道路，而选择了著书立说。他立志要写一部“孤愤之书”。他在压纸的铜尺上镌刻了一副著名的对联，上书：

有志者，事竟成，破釜沉舟，百二秦关终属楚；

苦心人，天不负，卧薪尝胆，三千越甲可吞吴。

蒲松龄以此自敬自勉。后来，他终于写成了《聊斋志异》，流传百世。

蒲松龄虽然科举落第，与仕途无缘，但他找到了成就自己的另一个方向。在这条新开辟的道路上，他取得了成功，也为后人留下了宝贵的精神财富。

人生是一种相依相得的平衡，放不下就得不到，得不到就会很痛苦。拿得起放得下，反映的是一个人生命的品质和品位。这需要一种不断积蓄的能量。唯其拿得起放得下，才能厚积薄发，举重若轻，处事从容。一个明智的人，拿得起有分量的东西，同样也放得下它，只要是服从自己内心，就可以进行另一选择。

放下的，当然是应该放下的、过去了的、不应有的、强求而难以达到的。放得下，看似消极，实质却是一种积极的心态。对于自己的过去，大可不必耿耿于怀，是好是坏都已过去，生命并非只有一处灿烂辉煌。包容过去，融通未来，创造人生新的春天，人生才更加明媚迷人。

人生并非只有一处辉煌，别处风景也许更加迷人。站在特定的时点，审时度势，做出你的选择，找到你的真正的生活目标。因此，你有时须从新的角度看待自己，重新找回自信，你会发现自己有越来越多值得欣赏的地方。

拿得起与放得下是生命中最重要的修养之一，我们只有果断清醒地放下应该放下的，随和且随缘地看待人生旅途中遇到的利害得失、祸福变故，接纳和融合所遇到的一切，才能腾出生命的空间，享有所拥有的一切。

拿得起是可贵，放得下是超脱。鲜花掌声能等闲视之，挫折、灾难能坦然承受。人生最大的敬佩是拿得起，生命最大的安慰是放得下。当迷雾消散尘埃落定的那一刻，你会发现这一切原本只是自己放不下。烦事人人有，放下自然无。

## 大丈夫能屈能伸

太刚强，遇事就会不顾后果，迎难而上，这样的人容易遭受挫折；太柔弱，遇事就会优柔寡断，坐失良机，这样的人很难成就大事。大丈夫就要能屈能伸，能刚能柔。

古人云："大丈夫能屈能伸。"然则何谓"屈"？何谓"伸"？

屈，是一种难得的糊涂，一种"水往低处流"的谦恭；是困境中求存的"耐"，在负辱中抗争的"忍"，在名利纷争中的"恕"，在与世无争中的"和"。伸，是以退为进的谋略，以柔克刚的内功，以弱胜强的气概；是"无可无不可"的两便思维，是"有也不多，无也不少"的自如心态，是"不战而胜"的上善兵法。

"能屈能伸"是大丈夫立志成业的精髓要义，是博大精深、包罗万象的大哲理、大智慧。立大志：需以"屈"处世。成大业：要靠"伸"显才。古今中外，凡做出杰出成就或干出轰轰烈烈事业的人，往往是那些能屈能伸的人。

司马懿出仕时正好30岁。那他这之前那么多年是在干什么呢？与诸葛亮躬耕于南阳不同，司马懿由于是名门之后，他没有做种田之类的事，他就在许昌城中，却一直对曹操避而不见，因为他从心底看不起出身低贱的曹操。

最终曹操访问了他三次，司马懿才答应出山，这与诸葛亮三顾出山多么相似呀！但与诸葛亮不同的是，当时的曹操不像刚开始创业的刘备，其“智囊团”已人才济济，初来乍到的司马懿在里面不会一下子有什么大作为。司马懿一开始做的只是一些抄抄写写工作，这对于在军事和政治上的天才司马懿来讲，可以说是“屈就”了。但司马懿并没有在乎这些，甚至，在曹操在世时，他都一直都是“屈就”着，虽然他后来的官升到了丞相府主簿，但始终没有什么带兵作战的机会。这么长时间内，他只是作为谋士提出过两次重要的计策，一是在取下汉中后劝曹操乘势进攻刘备立足未稳的西川，二是献计联合东吴共同对付得到汉中的刘备。这两个计策曹操只用了后者，但就是这一个计策使得不可一世的西蜀大将关羽命丧东吴。

司马懿当然知道自己真正的能力绝不是一个普通的谋士，于是在孟达响应诸葛亮北伐时，身为荆州都督的司马懿有了第一次带兵作战的机会。他使出浑身解数，把这一仗打得十分漂亮，让自己在魏明帝曹睿心中的地位有了很大的提升。在都督曹真病逝后，司马懿继任成为都督，他终于有了和诸葛亮亲自交锋的机会。在与诸葛亮的交锋中，司马懿采取的战术很清楚，那就是坚守不战，因为这样他受到了诸葛亮的种种故意的侮辱，但司马懿此时很好地发挥了他能屈的长处，终于熬死了诸葛亮。其后他抓住机会施展自己的才能，带兵平定了魏乐浪公公孙渊的反叛，于是他在魏明帝心中的地位上升到了极点。

但魏明帝一死，执政的曹爽根本不给司马懿机会，于是司马懿又继续“屈就”下去。正是“君子报仇，十年不晚”，从魏明帝病逝到著名的“高平陵事件”，正好是十年，司马懿果断消灭了曹爽的势力，这也为后来的晋代魏拉开了序幕。

“大丈夫能屈能伸”，“屈”是暂时的，暂时的忍辱负重是为了长久的事业和理想。不能忍一时之屈，就不能使壮志得以实现，使抱负得以施展。“屈”是“伸”的准备和积蓄的阶段，就像运动员跳远一样，屈腿是为了积蓄力量，把全身的力量凝聚到发力点上，然后将身跃起，在空中舒展身体以达到最远的目标。

著名策士范雎刚开始时，由于他出身寒微，无人引荐，不得已只能先在魏国中大夫须贾的府中任事。

一次，须贾奉魏王之命出使齐国，范雎作为随从一同前往。齐襄王钦佩范雎的雄辩之才，便差人携金十斤及美酒赠予范雎。范雎对此深表谢意，却未敢接受齐襄王的赠礼，但仍招来了须贾的怀疑，认为他出卖了魏国的机密，于是回国之后，便将“范雎受金”的事上给魏国的相国魏齐。魏齐不辨真假，也不作调查，便动大刑杖惩罚范雎。范雎在重刑之下，肋骨被打断，牙齿脱落。他蒙冤受屈，申辩不得，只好装死以求免祸。范雎已“死”，魏齐让人用一张破席卷起他的“尸体”，放在厕所之中，然后指使宴会上的宾客，相继便溺加以糟蹋，并说这是警告大家以后不得卖国求荣。

范雎平白无故地受了这么一场肌肤之苦和奇耻大辱，一腔效命魏国的热忱化作了灰烬。他决计离开魏国，另谋一处显身扬名的地方。范雎买通厕所的守者，将他放了出去。

范雎忍辱求全、隐身民间的时候，秦国一个叫王稽的使节来到魏国。秦国此时国力强盛，且虎视眈眈，有兼并六国的雄心。偶然的一次机会范雎与王稽见面，其才情智慧已使王稽信服，王稽决定带范雎入秦。

王稽私下带着范雎归秦，路上见对面秦国相穰侯魏冉的一队车骑驱驰而来，范雎便对王稽说："据我所知，穰侯长期把持秦国的大权，厌恶招纳其他诸侯国的客卿入秦。我与他见面，定会对我不利，所以我最好藏在车中。"于是范雎藏了起来。

魏冉的车骑到了之后，他果然询问王稽："使君出使归秦，有没有带别国客人来啊？"王稽赶快答道："不敢。"魏冉看了看王稽，然后走了。

听到魏冉一行离去的车马声，范雎这才从车中探出身来，但他心中沉思："魏冉是一个聪明人，刚才他已经怀疑车中有人，只是决心下慢了，忘记搜索而已。"范雎一念及此，当即断然对王稽说："魏冉此去，必然会后悔，必派人返回搜索使君的车辆不可。我还是下车走路避一下为好！"说完，范雎便跳下车，往道旁小径走去。

王稽于是按辔缓行，以待步行的范雎。方才走了 10 多里，魏冉果然遣回骑卒对王稽的车马一阵搜检，见车中确实没有外来的宾客，方才纵马而去。这样，范雎才最终脱险。

入秦后，范雎抓住机会，充分施展辩才游说秦昭王，最终取得信任。秦昭王采用范雎的谋略，对内加强了秦国的中央集权，对外使用远交近攻的霸业方略，使秦国对关东列强压力再度加强。秦昭王因此任命范雎为秦国相，封为应侯。

"大丈夫能伸能伸"，这是一条经千古锤炼而锻造出的古训，多少风云人物英雄豪杰都因善屈善伸而叱咤风云，所向披靡。所以，在逆境中，当困难和压力逼迫身心时，我们应懂得一个"屈"字，委曲求全，保存实力，以等待转机的降临。而在顺境中，当机会和环境皆有利时，我们应懂得一个"伸"字，乘风万里，扶摇直上，以顺势应时更上一层楼。

# 第八章

# 百忍成金，包容忍耐才能不断超越

·第一节·

# 不经寒彻骨，哪得梅花香

## 学会忍耐，磨难变财富

再怎么成功的人，也会有不顺心的时候，也会有徒劳无功的时候，也会经历磨难的侵扰，但这些人不会太在意这些逆境的信息，而是将其视为不完美的结果，坚持着忍耐下去，并且坦然面对，累积这些"结果"，达到最后的成功。

李嘉诚的亚洲首富不是凭空杜撰的，比尔·盖茨的几百亿美元更不是美国的海风吹来的。他们都经过了生活的历练，都经过了不如意的侵扰。在漫长的忍耐中，厚积薄发，最后一鸣惊人。

比尔·盖茨刚刚离开哈佛与保罗·艾伦一起经营微软之初，处处不如意。因为公司很小，BASIC 的发明并未引起轰动，当时的 IBM 与苹果公司甚至不屑与可怜的微软合作。这些不如意都没能让比尔·盖茨困惑，他在忍耐中不断探求。终于，在 Win95 推出后，比尔·盖茨让世界上的人认识了自己！

商业本身就充满了各种不确定因素，因此磨难必不可少，纵观古今成功的商人，忍耐几乎是必不可少的手段，经历过痛苦的磨炼，财运会随之而来。如果只是挣硬气、好面子，不懂得忍耐之道，不知晓伸缩之理，那么，你会看见钞票从眼前哗哗流过而自己一无所获。

事理相通，商场的忍耐推而广之，就是成功之道。磨难并不可怕，关键看你能否忍耐，有一颗“隐忍”的心，那么，成功唾手可得。

为什么拿破仑能够突破重重阻力而叱咤风云？为什么海伦·凯勒在双目失明的情况下，心中依然有光明之梦？一个共同之处就是他们都经历过一个又一个的磨难，并且在磨难的打击中迅速成长起来。也正因为如此，伟人们镇定自若，“泰山崩于前而色不变，猛虎趋于后而心不惊。”

“宝剑锋从磨砺出，梅花香自苦寒来。”磨难就是财富，受宫刑之辱的司马迁痛定思痛，写出了千古名篇：“盖西伯拘而演《周易》；仲尼厄而作《春秋》；屈原放逐，乃赋《离骚》；左丘失明，厥有《国语》；孙子膑脚，《兵法》修列；不韦迁蜀，世传《吕览》；韩非囚秦，《说难》《孤愤》；《诗》三百篇，大抵圣贤发愤之所作也。此人皆意有所郁结，不得通其道，故述往事，思来者。”

张海迪在轮椅上完成了一部外国名著《海边诊所》的翻译；贝多芬丧失听力后，写出了传世的《命运交响曲》；陈景润在极其困难的环境中，完成了哥德巴赫猜想的论证；海伦·凯勒是一个又盲又聋又哑的人，而她却写出了鼓舞了千万人的《假如给我三天光明》。他们用自己的亲身经历，唤醒了许多对生活失去信心的人；他们用自己的奋斗经历，谱写了拼搏人生、战胜宿命的凯歌。

安逸舒适的环境容易消磨人的意志，最后导致人一无所成。接受命运的挑战是我们磨炼、施展抱负、实现梦想的最佳方法。

磨难能成就文人学者，同样会成就市井商人，只要你学会忍耐，磨难都是一笔财富。温州人能赚钱，一个重要原因就是特别能忍耐磨难。为了能赚钱，他们忍受种种痛苦：浪迹天涯、抛妻别子的思乡之苦；脏活累活苦活全干的身体之苦；屡遭白眼与冷嘲热讽的心理之苦……

任何一个成大事者必须具备忍耐挫折，忍耐成功前的艰辛的能力，更要具备忍耐不如意的时时侵扰。假如你想赚钱、想创业、想成名，一定要先掂量掂量自己：面对从肉体到精神上的全面折磨，你有没有那样一种宠辱不惊的“定力”与“忍耐力”。因为，创业要比一般人承受更多的困难、挫折乃至痛苦和孤独。无论遇到什么事情，哪怕是违背自己本意的事情，都得控制自己的情绪，不得有过激的言行；否则，你很有可能会前功尽弃。

人生不可能一帆风顺，机会也不会总顺风而来，蕴藏在逆境中的机会有时更加巨大，足以改变人的一生，所以，对于逆境也应该抱着一种忍耐的态度。磨难虽苦，但却可以化为人生的财富。

## 忍耐让生命更具张力

人生如果是一场表演的话，那么只有让她更具张力，你的表演才更具内涵。因为有了张力，水珠会变得晶莹剔透、饱满圆润；有了张力，人生就会不鸣则已，一鸣惊人。

生命是一张上帝签发的支票，就看你怎样去用。如果你善于忍耐，敢于用暂时的屈服，来处理不利的境遇，那么，你的人生就会更具张力，那么你的这张支票也就实现了价值的最大化。

台湾著名作家柏杨曾经是一个“火暴浪子”，他尖锐、激进。1979年，他因“美丽岛事件”被捕入狱，5年以后才被放出来。5年的牢狱

生活彻底地改变了他。他成为“谦谦君子”，变得理性、温和。就连周围的人都感到惊奇：“现在的柏杨很有同情心，也知道替别人留余地，不像从前，总是那么火辣辣的。”

其实，柏杨不是没有过怨恨、绝望，他后来回忆他的狱中生活时说：他也曾经怨过、恨过。那段日子他经常睡不着觉，半夜醒来时发现自己竟然恨得咬牙切齿，就这样大约持续了一年。后来，他意识到不能这样继续下去，否则，他不是闷死，就是被自己折磨死。

想明白后，他坦然地面对一切，开始大量阅读历史书籍，光是《资治通鉴》前后就读了三遍。这些书籍给了他宝贵的精神食粮，他从这些书籍中领悟到：历史是一条长河，个人只不过是非常渺小的一滴水。他明白了一个道理：生命的本质原本就是苦多于乐，每个人都在成功、失败、欢乐、忧伤中反反复复，只要心中常保持爱心、美感与理想，挫折反而是使人向上的动力，使人的生命更具张力。

当柏杨忍耐下来后，他发现心境变得平和，思路也越来越开阔，后来，他在牢中完成了三部史学巨著。英雄等待出头之日，必须要忍耐。在无尽的忍耐中，让心灵得到磨砺，让生命更有张力。生命是否有张力，完全取决于你自己。上帝用心良苦，让你通过另一种方式来获取幸福人生，你要有悟性，放下悲痛，坦然面对，幸福就在那顿悟的瞬间开始。

人的一生不可能一帆风顺，遇到挫折和困难是难免的。当你人生走到了“山”的顶峰，必然会走下坡路，但如果你能做到坦然面对、心态放平稳，在忍耐中让自己变得更加坚强，让生命更具张力，那么你就有可能会在难言的忍耐之后，获得爆发的机会。

# 忍辱负重，方成大业

“生当作人杰，死亦为鬼雄。至今思项羽，不肯过江东。”这是著名的女词人李清照赞颂西楚霸王项羽的一首诗，诗中虽然充满了豪情，但却难免给人英雄气短的感觉。试想一下，如果当年项羽能够忍受一时的屈辱，过得江东之后重整人马，那么历史便很有可能被改写。

而他的对手刘邦，则将一个“忍”字发挥到了极致。刘邦为了将来的前程似锦，忍住浮华诱惑，锋芒暂隐，静待转机。这也许正是他最终胜出项羽的原因。咸阳城内王室发生的剧变，已经明显影响到了秦军的士气，恰逢刘邦招降，众士兵正中下怀，项羽这边听说刘邦西征军已经接近武关的消息，也颇为着急。章邯投降后，项羽不再有任何阻碍，率军火速攻向关中盆地的东边大门——函谷关。

十月，刘邦军团进至灞上。咸阳城已完全没有了防卫的能力，秦王子婴主动投降，秦王朝正式灭亡。

刘邦大军历尽千辛万苦终于进入咸阳，此时刘邦对日后称霸天下有了莫大的野心和信心。

同时，面对扑面而来的荣华富贵，喜好享乐的他，竟然一时忘乎所以，自然忍不住心动。一切都这样不可思议的唾手可得。

但在张良等人的劝说下，为了长远的未来，刘邦忍下了享受的心。

一个“忍”字的功夫怎生了得，它成全了刘邦，是刘邦成就霸业不可多得的秘密武器。而项羽，在民心方面，项羽明显不如刘邦。项羽嗜杀成性，不管对方是否投降，一律斩杀。他曾在一夜之间，杀害了二十万秦国降军。项羽因为此事而在秦国人民心中臭名昭著。

项羽残杀秦国兵士，刘邦却与秦地父老约法三章，谁是谁非，天下人自然明白。刘邦轻易便为自己赢得了百姓的信任，项羽虽然勇猛，但是做一国之君的话，尚嫌粗莽。在这一节上，刘邦的功夫显然比项羽的功夫要到家。但是刘邦并非一忍再忍，还军霸上之后，仍对咸阳城念念不忘，从而犯下了一个致命的错误。

随后，刘邦在“鸿门宴”中更是将“忍”刻在了心头。这一场心理战，决定了最后的结局。刘邦在得知项羽要进攻的时候，镇定地用谎言骗住了项羽，使得项羽留给了刘邦一条生路。而项羽始终是轻敌的，尤其忽视了刘邦这个手下部将。他认为以刘邦的兵力，绝对不是他的对手。但是刘邦不跟他斗勇，刘邦喜欢斗智。

这就注定了项羽的悲剧命运。就勇猛来说，项羽力拔山兮气盖世；就智慧来说，项羽也不乏胆识与聪明；就实力来说，项羽是一代霸王，有过众望所归的气势。然而就是一个不能忍，破坏了全部的计划，影响了最终的结局，可见，忍字的力量无穷无尽。

小不忍则乱大谋，忍人一时之疑，一定之辱，一方面是脱离被动的局面，同时也是一种对意志、毅力的磨炼，为日后的发愤图强和励精图治奠定了一定的基础。而不能忍者，则要品尝自己急躁播下的苦果。

## 委屈才能求全

很多时候，暂时的败，一时的退，短期的弱对事业和人生来说都不一定是坏事。相反，它会为你的下一次进步积蓄冲击力。为人处世要有退步的气魄，要学会退，以退为进。要学会委曲求全，始终相信纵然有一时的不如意，也终将成为过去。

委曲求全一词蕴含着古人的智慧，只有委屈一时，才能让怒火消除，让人冷静处事，那么做错事的概率也就会降到最低。

明朝安肃有个叫赵豫的人。宣德和正统时期，他曾经任松江知府。在任期间，赵豫对老百姓问寒问暖，关怀备至，深得松江老百姓的爱戴。

赵豫有一个非常奇特的处理日常事务的方法，他的下属称之为“明日办”。每次他见到来打官司的，如果不是很急很急的事，他总是慢条斯理地说：“各位消消气，明日再来吧。”起先，大家对他的这套工作方法不以为然，认为这实在是一个懒惰拖拉的知府，甚至还暗地里编了一句“松江知府明日来”的顺口溜来讽刺他，都叫他“明日来”。

赵豫性格稳重，为人宽厚，听到这个绰号，总是淡淡地笑笑，从不责备叫他绰号的人。因为他的态度和蔼，对下属从没有声色俱厉过，所以，那些下属有什么话都敢于跟这位知府老爷说。

一天，一个下属问他：“大人，你为什么要这样做？这样做太伤害你的名誉了。”赵豫于是解释了“明日再来”的好处：“有很多的人来官府打官司，是乘着一时的愤激情绪，而经过冷静思考后，或者别人对他们加以劝解之后，气也就消了。气消而官司平息，这就少了很多的恩恩怨怨。”赵豫此招甚妙，虽然给自己戴上了“懒惰拖拉”的帽子，但是人们的情绪却能够冷却下来，官司因此而平息，百姓因此而和睦，由此我们可以说：“委屈可以求全。”

退后一步，对事情进行“冷处理”，有助于缓和情绪，让问题得到更好的解决。赵豫的“明日再来”这种处理一般官司的做法，是合乎人的心理规律的。经过一天的冷却，当事人都不很急躁，才能理智地对待所发生的一切。这种“冷处理”包含为人处世的高度智慧，把它用在生活中，会避免不必要的争执。

正如跳高、跳远，要退到后面很远的地方，起跳时才会有更强的冲击力。生活也是如此，退后一步，就是为了更好地前进。一时的委屈是为了永久的安然。忍一时的不冷静，对人对己都有好处。当不愉快的事情发生后，退一步想，就会海阔天空。在实际生活中，不管你多么有能耐，多么无情，总是有人比你更有能耐，更加无情。拼个鱼死网破，倒不如后退几步，另求他路。

古往今来，安世处身者大有人在，曲径通幽，卧薪尝胆，委曲求全，最终成大业者都经历过退步，才能干出轰轰烈烈的壮举。退后一步，即使一时处于低势，但在心灵上获得了某种轻松、潇洒的感觉，在精神上，做好了向前冲的准备。

## 切莫感情用事

处世经典《增广贤闻》上说："酒是穿肠的毒药，色是剐骨的钢刀，气是下山的猛虎，怒是惹祸的根苗。"愤怒就像决堤的洪水那样淹没人的理智，让人做出不可思议的蠢事，甚至招来杀身之祸。

张飞脾气暴躁，常常因为一点小事而大动肝火。当他得知关羽败走麦城而丧命时，旦夕号泣，血泪衣襟，愤恨不已，发誓定要血刃仇人。

张飞下令军中，限三日内置办白旗白甲，三军挂孝伐吴。次日，两员末将范疆和张达告诉张飞："白旗白甲，一时无可措置，须宽限时日。"

张飞大怒，喝道："我急着想报仇，恨不得明日便到逆贼之境，你们怎么敢违抗我的命令！”说罢，便让武士把二人绑在树上，每人在背上鞭抽了五十下。

打完之后，张飞余怒未消，用手指着二人说：“明天一定要全部完备！若违了期限，就杀你们两人示众！”

被打得满口吐血的二人到帐中商议，范疆说：“今日受了刑责，倒也无所谓，可我们怎能在短短一天内将装备筹措齐备？张飞性暴如火，如果明天置办不齐，你我皆有杀身之祸。”

张达说：“张飞爱酒，每日必饮。如果我们两个不应当死，那么他就醉在床上；如果应当死，那么他就不醉好了。”当下商议停当。

当天晚上，张飞又哭又骂，喝得烂醉如泥，卧在帐中，鼾声如雷。范张二人探知消息，心中大喜。

初更时分，两人各怀利刃潜入帐中，摸到张飞床前，突见张飞双目圆睁，躺在床上。两人大惊，刚欲逃走，又听得张飞打起了鼾，但眼睛仍然睁着。原来张飞睡觉时眼睛是睁开的。

两人不再犹豫，斩下张飞的首级，骑快马星夜逃奔东吴去了。

西方有句经典谚语：“上帝要想让他灭亡，必先使他疯狂！”忍字头上一把刀，忍耐会有痛苦；忍字下面一颗心，忍耐会受煎熬；忍耐就好似手刃自己的心，需要时间等待伤口慢慢愈合；忍得头上乌云散，拨开云雾见阳光。

某大公司老板巡视仓库，发现一个工人正坐在地上看连环画。老板最恨工人在工作时间偷懒，于是怒不可遏地问：“你一个月挣多少钱？”

“1000元。”工人回答。老板立刻掏出1000元给他，并大叫：“拿了钱给我滚！”事后，老板责问后勤主管：“那工人是谁介绍来的？”主管说：“那人不是公司员工啊，而是其他公司派来送货的。”

当然，这只不过是一个笑话，但也从一个侧面反映了人在愤怒状态下失去理智的情形。不分青红皂白，一时的冲动很有可能会断送自己的大好前程，造成严重的后果。据统计，怒火给人类造成的损失比全世界烧掉的煤炭还要多出成百上千倍。

“生气，是用别人的错误惩罚自己。”的确，冲动就有这样的魔力，让人身不由己，敢做平时不敢做的事情，愿做平时不愿意做的事情，就好像失去理智的罪犯那样走上极端，亲手毁掉自身的幸福。

所以，每个人都不要轻易地冲动，学会忍耐，要把魔鬼赶得无影无踪，用平常、平淡的心理，理智地对待各种事情。

## ·第二节·

# 进退有度，懂得弯曲

### 退一小步为进一大步

聪明人不会在形势不利于自己的时候去硬打硬拼，那样，有可能是以卵击石，自寻死路；也有可能是两败俱伤，损失惨重。在这种时候，他会先退几步，以求打破僵局，为自己积蓄力量赢得时机。

退步是妥协，不是懦弱；忍耐，是智慧，不是消极，如果你不想获得玉石俱焚的结果，那么就要忍耐，等待一飞冲天的结局。退后一步，忍耐一分，你才有机会，才有时间，为下一步的进攻做好准备。

西汉初年，匈奴首领冒顿刚刚自立，尚处于弱势。与之相邻的东胡国不断向其发出挑衅，企图找借口灭掉匈奴。

匈奴人国中有一匹千里马，毛油黑发亮如软缎，全身上下没有一根杂毛。它能日行千里，为匈奴国立下过汗马功劳，被视为国宝。东胡知道后，便派使者向匈奴索要这匹宝马，匈奴群臣都认为东胡是无理取闹，一致反对。

冒顿却看穿了东胡的用意，料定他此举乃是要发兵的由头，如果自己不答应，那么就中了他们的圈套，因为现在自己尚没有实力可以打垮对方。“舍不得孩子打不着狼”，冒顿决定忍痛割爱来满足东胡的要求。他告诉臣下：“东胡之所以要我们的宝马，是因为与我们是友好国家。我们哪能因为区区一匹千里马而伤害与边邻的关系呢？这样太不合算了？”就这样，他把宝马拱手送给了东胡。

冒顿做起了文章，表面上对东胡敬若上宾，但暗地里壮大实力，明修政治，希望有朝一日将丢的脸找回来。

东胡国王得到千里马以后，果然小看起冒顿来，他认为冒顿胆小怕事，就更加狂妄。他听说冒顿的妻子很漂亮，就动了邪念，派人去匈奴说要纳冒顿之妻为妃。

冒顿的妻子年轻貌美，端庄贤惠，深得民心。匈奴群臣一听东胡国王如此羞辱他们尊敬的王后，都气得摩拳擦掌，欲与东胡决一死战。冒顿更是气得牙齿咬得格格响，连妻子都保护不了，还算个男人？况且还是个国王！然而他转念一想，东胡之所以三番五次使自己丢脸，是因为东胡的力量比匈奴强大，小不忍则乱大谋，一旦发生战争，自己的实力不济，很可能会战败，还是再忍让一回，等以后有了合适的时机，再与东胡算总账。

如此打算一番，冒顿又重新换上笑脸，劝告群臣：“天下女子多的是，而东胡却只有一个啊！岂能因为区区一个女人伤害与邻国的友谊？”这样，他又把爱妻送给了东胡国王。

之后，他召集群臣，指明东胡气焰嚣张的原因，分析了当时的形势，鼓励大臣们内修经济，外修政治，以壮大自己的实力。群臣听冒顿分析得有道理，于是也按照冒顿的要求兢兢业业地治理国家，以图日后能够雪国耻，报仇恨。

再说东胡国王，他轻而易举地得到千里马与美女，得意至极，把冒顿视若无物，更加骄奢淫逸起来。又第三次派人到匈奴去索要两国交界处方圆千里的土地。而此时匈奴经过冒顿及群臣多年卧薪尝胆的治理，政治清明、实力雄厚、兵精粮足，老百姓安居乐业，势力已远远超出了东胡。

东胡的使臣来后，气焰嚣张地开口索要土地。冒顿一改往日低声下气的做法，他怒发冲冠，拍案而起，振振有词道：“土地乃社稷之根本，岂可割予他人！东胡国王霸我王后，索我土地，实在是欺人太甚！是可忍，孰不可忍！现在我们要灭掉东胡，以雪国耻！”他亲自披挂上阵，众人同仇敌忾，一举消灭了毫无防备的东胡。

有句俗语叫：“三十年河东，三十年河西。”也就是说，世事多变，今日高高在上，人前显贵，明日就有可能成为阶下囚，流落市井。也可能今日站在你面前的人獐头鼠目，貌不惊人，但明日就华衣锦袖，凤冠峨带。反过来讲，当我们今天事事不如意时，要学会忍耐；当实力微弱时，不妨选择退让；等到时机成熟时，再反退为进，一飞冲天。

## 勇于承认自身的不足

丹诺先生是纽约《太阳时报》的主笔，他在读稿时，有一个特殊的习惯，那就是常常喜欢把自己认为重要的几段用红笔勾出，以提醒排校人员“切勿将它遗漏”。

他的这些用红笔勾出的文字从来没有被遗漏过，但是有一天，这个永恒不变的习惯却被一位年轻校对员改变了。

这个年轻人偶然读到一段文字，也是被人用红笔勾出的，上面大致是说：“本报读者雷维特先生送给我们一个很大的苹果，在那通红美丽的皮上露出一排白色的字，仔细一看，原来是我们主笔的名字。这真是一个人工栽培的奇迹！试想，一个完整无缺的苹果皮上，怎么会露出这样整齐光泽的字迹来呢？我们在惊奇之余，多方猜测，始终不明白这些奇迹是怎么出现在苹果上的。”

校对员有这方面的常识，他知道这些苹果皮上的字迹，只要趁苹果还呈青色时，用纸剪成字形贴在上面，等苹果发育红时，将纸揭去，字就能够留在苹果上面。

他先是觉得好笑，但是随即他想到：这段文字如果登了出来，必将被人讥笑，说他们的主笔竟会愚笨至此，连这样一点小“魔术”也会“多方猜测，始终不明……”当时，他没有找到主笔丹诺，他便大胆地将这段文字删掉了。

第二天一早，主笔丹诺先生看了报纸，立刻气呼呼地走来，向他问道：“昨天原稿中有一篇我用红笔勾出的关于‘奇异苹果’的文章，为何不见登出？”

那位校对员诚惶诚恐地把他的理由说明后，丹诺先生立刻十分诚恳和蔼地说：“原来如此！你做得十分正确，以后只要有确切可靠的理由，即使我已用红笔勾出，你仍不妨自行取舍。”

丹诺算得上一个能屈能伸的人物，因为小校对员此举会让他非常难堪，很多人可能会受不了，但是丹诺忍受住了，并且还给了小校对员一定的特权。这就是忍耐的境界，什么才是最重要的呢？不是自己的名望，而是事实。人无完人，每个人都有不足。有名望的人，常常受到自己经验的约束，而犯一些常识性错误，当有人为其指出时，大多数因为放不下架子，要么死撑着不承认错误，要么对于那些为其指出错误的人怀恨在心。这就是一些人拥有了一定身份地位后就不再进步的原因。

可是世界上有多少人能像丹诺一样有如此的智慧呢？大多数人死要面子，不肯低头，他们的人生轨迹也就只能在顺境中勉强延续，一旦遭遇逆境就会销声匿迹，不复存在。其实，忍一忍，低一低头，弯曲一下腰身，又有什么损失呢？智者会明白这其间的道理，选择适当的时候低头。

## 做一枝谦卑的稻穗

“劳谦虚己，则附之者众；骄慢倨傲，则去之者多”。就是说做人要谦卑一些，才能增加自己的凝聚力。然而很多人却无法忍受成功后的自满心理，总是洋洋得意，结果对别人的成就不屑一顾，就连著名的德国科学家阿道夫·冯·贝耶尔在年轻时也犯过这样的错误。

阿道夫·冯·贝耶尔是发现靛青、天蓝、绯红这现代三大基本染料分子结构的著名化学家。贝耶尔在大学读书时，有机化学家贾拉古教授的名字传遍了德国。不过，那时这位教授还很年轻。一些科学界耆宿总是提出这样那样的问题挑剔他。有一天，贝耶尔和父亲在一起闲谈，提起了贾拉古教授。贝耶尔说：“贾拉古只比我大 6 岁……”言外之意是这个人并没有什么了不起。

父亲听了很不满意，他对贝耶尔说：“大 6 岁怎么样，难道就不值得你学习吗？我读地质学时，老师的年龄比我小 30 岁的都有，我一样恭恭敬敬地称他们为老师，认认真真地听他们讲课。你要记住，年龄和学问不一定成正比。不管是谁，只要有知识，就应该虚心向他学习。”

圣人早就告诫我们：“满招损，谦受益。”一个人太出风头，就会招致打击；一个人过分追求完美，反而会遭到挑剔和批评。大多数的人能够同情弱者，却敌视比自己强的人；能够认同踏踏实实做事的人，却讨厌那些张扬跋扈的人。所以后者的人际关系更为紧张，处世更为

 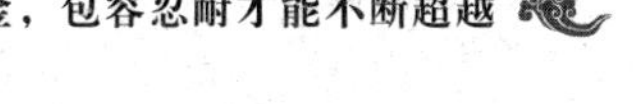

外露，自然招致他人的反感情绪，生活中这样的情况是非常多的。所以，为人处世一定要谦虚谨慎，脚踏实地，千万不要狂妄自大，过度张扬。

成熟的稻穗低着头，昂头随风张扬的是稗子。做人也是如此，一个内心成熟的人，喜欢低调、谦虚地埋头做事。做一个谦虚的人，就要保持一颗平静的心，无论是身居高位还是地位卑微，无论是名家硕儒还是初学少年。“闻道有先后，术业有专攻”“尺有所短、寸有所长”，没有任何一个人能在每一个方面都超过别人。

谦虚的人之所以谦虚，其实来自于他对自己一种正确的认识。他的低调，决定了他的冷静。在低调者看来，骄傲是很荒谬的事情，因为无论自己过去做了什么事情，都不重要，自己将要做的事，比已经做了的事总是要重要得多。过去的价值，仅仅就在于它能帮助自己将来做什么。所以，低调者永远不会傲慢、自负，因为他没有傲慢和自负的理由。他总是很谨慎地看待自己的成就和能力，总是可以事先预计到问题的严重性，总是能够明白，自己取得的成功，其中有多少是属于自己的，有多少来自于别人的帮助、来自于运气。他知道，自己的成功，离不开这一切外在的条件，自己仅仅是其中的一个因素而已。所以，他不会把自己无限地夸大。

谦虚的人需要一种忍耐力，这种忍耐可以抵制骄傲，可以遏制自负，让一切阻碍成功的负面因素都降到最低限度，因此，忍耐不仅是一种美德，更是一种能力，一种促进成功的手段。

## 学会适应对方

贤德之人，总是能够忍受自己的种种不适，去适应别人。因此，他们往往受到人们的拥戴，成为流芳千古的英雄人物。

在美国印第安保护区有个原始部落，这个部落的人一直赤身裸体地活动，即使是集会也不例外。外界的文明自然无法容忍这种野蛮的行为，因此，这个特别的风俗，让这个原始部落饱受外人的白眼与嘲笑，但即使如此，他们仍然不愿意改变这个传统。

有一年，这个原始部落不幸发生瘟疫，全部的族人几乎都被感染。为了活命，他们决定到邻近的城镇里，邀请一位当地有名的医生前来帮助他们治病。然而，这位医生一想到他们的传统，便感到相当为难。但是，这位医生心地善良，看着跪在地上的求助者，医生的使命感与责任感不断地被激起，最终他还是勉为其难答应了。

当这个使者回家告诉这个部落里的族人时，他们高兴地欢呼起来，但是接着，又出现了一件麻烦事，那就是他们那个奇怪的习俗。为了迎接医生的到来，原始部落的族人们紧急开会决议，为了尊重这位名医，他们决定破例穿上衣服。所以，这天所有人都特别穿上了衣服，有的人甚至打上了领带，聚集在教堂里，等待医生的到来。

悠扬的钟声响起，医生缓缓地走了进来，然而眼前的情景，却让在场的每一个人都愣住了，这也包括医生本人。因为，老医生背着沉重的医疗器材走进来时，身上居然一丝不挂！

有些人可能把这个故事当成了笑话，印第安人和医生都在做和对方背道而驰的事情，但你会被这些人的善良感动。一方为了外界的文明，一方为了部落里的习俗，他们的心是向善的，他们的行为是高尚的。他们忍受住了自己的不适，为了对方，打破了心中条条框框的束缚。有愉快、礼貌、谦和、诚恳的态度，又有忍耐精神的人，是一个幸运的人。因为他在适应对方的同时，也获得了对方的认可，获得了进步的阶梯。

忍耐是成功的手段，细看人生，何尝不是在忍中学习、忍中成长、忍中有得。可是，我们却往往忽略了“忍”的功用，于关键时刻，反而失掉了忍的功夫，铸成大错，一生悔痛，永难弥补。忍小为谋大，只有忍耐此时的艰辛，忍耐此时的落寞，才能成就彼时的成功。

## 不将侮辱放在心上

做大事的人面对敌人的侮辱从来就不放在心上。所以，对于别人的侮辱，我们没有必要大动肝火，“欲置之死地而后快”，因为立场的问题，难免有针锋相对、你死我活的纷争。如果此时，你能表现得大度，则更显你的气度。这是成熟人性的一种表现。

齐达内是世界著名的足球健将，参加过四届世界杯比赛。这位让全世界球迷为之倾倒的球星在他的足球生涯中多次被评为“足球先生”。他的足球技术炉火纯青，脚下工夫犹如武术中的“七星剑法”，任何球在他的脚下都会服服帖帖、功力无比。他带领法国队取得了一系列辉煌战果，总是在关键的时候屡建奇功。

在告别足坛的比赛中，齐达内所在的法国队与意大利队在90分钟的比赛中战成1∶1平，双方进入加时赛。这对于齐达内来说，也就是延长了他向全世界球迷精彩谢幕的机会。全世界的球迷也都在期待着齐达内最后的表演。

在万众瞩目的期待中，比赛进行到110分钟，此时，齐达内却做出了让人们意想不到的举动。他在远离足球的地方愤怒地用头撞向意大利队后卫马特拉奇的胸口，后者应声倒地，阿根廷主裁判埃利松多在与助理裁判交换意见后，向齐达内掏出了红牌。

被球迷称为“齐祖”的一代大师就这样不太光彩地告别了自己的

职业生涯，不仅令齐达内本人遗憾，而且更令全世界的球迷伤心。齐达内的下场对队友心理上的影响是不言而喻的，这张红牌在某种程度上断送了法国队最后的希望，在后来的点球大战中，意大利捧走了大力神杯。

当然，马特拉奇使用了辱骂这种不光彩的手段在先，但是马特拉奇骂了齐达内什么而让他如此愤怒，不是人们关注的焦点，最重要的，一个久经沙场的足球先生竟然在此关键时刻失去理智，做出鲁莽之举，实在是令球迷失望，也让一代英雄就此黯然失色。每个人的一生都不可能没有敌手，很多人面对敌人的侮辱总是不能释怀，因此才在关键时刻丧失了尊严。要求自己去体谅一个自大、傲慢、尖酸、刻薄、自私、自傲或粗鲁的人，这确实是一个很大的考验。经受住考验的人，必然在阴霾的天气里也能享受到心灵的灿烂阳光。

当我们告别了怨恨时，也就拥有了一份愉悦的心情；当我们忘记侮辱，也就拥有了宽广的胸襟。

## 挖掘自己的潜能

人的一生，要经历各种痛苦与无奈，只有忍受住痛苦，耐心地磨炼意志力，才能在苦痛的煎熬中，发现自己的潜能。其实任何时候，你都不是一无所有，生活的打击、问题的复杂可能会使你的能量枯竭，使你觉得沮丧、筋疲力尽。在这样的情况下，你的力量是晦暗不明的。但是此时如果你能学会忍耐，从生活的痛苦与沮丧中，就能挖掘出快乐，寻找到你自己的潜能。

罗曼·文森特·皮尔是一位著名的演说家，有一次，一位52岁的

先生找他咨询。这位先生的意志极为消沉，表现出极端的绝望。他说他“全完了”。他告诉皮尔，他一生费尽心血建立的一切全都成了泡影。

这位先生的眼神充满绝望。皮尔非常同情他，决心帮助他重新鼓起生命的信心和勇气。皮尔对他说：“那么，我们拿一张纸，写下你剩余的财产。”

“没有了，”那个灰心的先生叹了口气说，“我什么都没有剩下。”

皮尔开始诱导他：“你太太还跟你在一起吗？”

“她当然还跟我在一起，而且我们感情还很好。我们结婚30年了，不管事情有多糟，她都不会离开我。”那人沮丧的眼神闪现出一丝亮光。

皮尔又接着问：“很好，我把这个记下来——太太还跟你在一起，而且不管发生什么事，她都不会离弃你。那么你的儿女呢？你有小孩吗？”

“有啊！我有三个子女，也都很棒。他们会走到我面前说：‘爸爸，我们爱你，我们会一直和你站在一起。’我每次都被感动得不行。”他答道，这一次，他的语气里充满了骄傲。

“那么，”皮尔说，“这就是第二项了——三个爱你、愿意站在你身旁的子女。你有朋友吗？”

“有，”他说，“我真的有几个很不错的朋友。我必须承认他们和我的关系一直都不错。他们会来看我，然后说他们想要帮我，但是他们能够帮什么呢？他们什么都帮不了。”

“那就有第三项了——你有一些愿意帮你而且尊重你的朋友。那么，你是否正直诚实呢？你有没有做什么错事？”皮尔继续问道。

“我的正直诚实没有问题，”他的语气很坚定，眼神不再犹疑，他回答道，“我一直坚持走正道。”

“很好，”皮尔说，“我们把这个列入第四项——正直诚实。那么你的健康呢？”

“我的健康状况不错，我很少生病，我想我的身体状况应该不错。”他回答说，这一次，他的脸上出现了笑容。

“现在我们又可以记下第五项了——身体状况不错，”皮尔说，“现在，我们把列出的资产看一遍：

“一个好太太——结婚30年；

“三个忠实的子女，愿意站在你的身边；

“愿意帮助你并尊重你的朋友；

“正直诚实——没什么羞耻的地方；

“身体状况不错。”

皮尔把这张写好生命资产的纸递给他，说：“看看这个，我想你有不少资产。你并不是你自己所想象得那样一无所有呀。”

这个灰心丧气的人看到纸上列举的资产，感到自己真的并不是想象得那么糟糕。“我想我当时大概没想到这些东西吧！我没有想到从这个角度来看事情。或许事情还不算太糟，或许我可以重新来过。”他放弃了失望和颓废，果然东山再起了。

人都有缺点，也许有很多还很严重，但同时也有许多优点。人生价值的最大值是由你的最突出的优点来决定的，而不是由缺点来决定的。你只有耐心，才能发现自己的优势和潜能，当你为自己列出一份优势清单后，你会发现，自己有很大希望，完全有不消沉的理由。

·第三节·

# 求同存异，谦虚忍让

## 忍让获得好人缘

中华民族向来有礼让、谦让、忍让的优良传统：尧让位给舜，舜也让给禹，开启了礼让的先河；孔融让梨，有了传诵千古的佳话。“忍让”是我们泱泱中华传承千年的美德，也应该被我们这一辈人继续发扬光大。

然而，在这个资源匮乏、竞争激烈的年代，忍让常常被人们忽视。常见一些人，因争一块砖两块瓦三块煤而闹得面红耳赤，甚至大打出手，结果一方满脸是血，另一方满地找牙，两败俱伤！何苦呢？其实，忍让是一个人成熟的表现，更是睿智的展现。

俗话说：“赠人玫瑰，手有余香。”

凡遇事时都要让人几步，才算是高明的为人处世之道，因为让一步就等于是为以后的进一步留下了余地；应以宽厚的态度待人，因为给人家方便，同时也就是为自己日后的方便打下了基础。所以古人说：“让之有余，争之不足。”

《菜根谭》中说：“路径窄处，留一步与人行；滋味浓时，减三分让人尝。此是涉世一极安乐法。”这话告诫人们在道路狭窄之处，应该停下来让别人先行一步；有好吃的东西不要自己独亨，要拿出一部分与别人分享。如此，你的人生就会快乐安详。

在以竞争为动力的现代社会中，学会忍让对我们依然有着不可抗拒的魅力。一个处处忍让的人，其表现出的涵养必然受到别人的尊敬。你敬我一尺，我敬你一丈。你谦让三分，对方必会把你视为知己，而愿意与你为玉帛之交。

## 谦让成就“将相和”

对于“负荆请罪”的典故，我们每个人都耳熟能详，蔺相如以忍让而获得了同样功绩卓越的廉颇的敬重，成为千古佳话。无独有偶，汉朝的陈平和周勃，这一文一武两位名臣，在历史上也曾经演绎了一出“将相和”。

汉文帝是汉高祖的庶子，被封为代王。他为人仁慈宽厚，当残暴篡权的吕后死后，朝中拥戴文帝继位。

然而诸吕结党，欲谋叛乱，文帝尚未登基，在这个节骨眼上，丞相陈平与太尉周勃共商大计，终于灭掉诸吕夺回政权。周勃消灭吕氏集团，功劳卓越。但是陈平却一直被尊为丞相。武将周勃心有不平，虽然没有具体表现出来，但是聪明的陈平却感觉到了，他于是寻找机会向皇上阐述周勃的功劳。

一天，汉文帝升殿，发现丞相陈平没上朝，他问道：“丞相陈平为何不来?”站在下面的太尉周勃站出来说道：“丞相陈平正在生病，体力不支，不能叩见皇上，请皇上原谅。”汉文帝心里纳闷，昨日还见他身体好好的，怎么今天就病了？不过他不动声色，只是说："好，知道了，退下。"

汉文帝退朝后便特意到陈平家去探视。陈平非常感动，同时他也觉得时机到了，对文帝讲了心里话："皇上太仁慈了，可我对不起皇上的一片爱臣之心，我犯了欺君之罪呀！"并借此机会欲把相位让给周勃的想法说了出来。汉文帝问："为什么？"

陈平诚恳地说："高祖在时，周勃的功劳不如我；诛灭诸吕时，我的功劳不如太尉（周勃）。所以我愿意把相位让给他，请皇上恩准。"

文帝本来不知消灭诸吕的细节，他是在诸吕倒台后，才被陈平和周勃接到长安的。听了陈平的解释，才知周勃立下了大功，便同意了陈平的请求，任命周勃为右丞相，位居第一，任陈平为左丞相，位居第二。周勃听闻陈平将相位让给自己之后，十分愧疚，便假称有病，向文帝提出辞呈。汉文帝非常理解周勃的心情，批准了周勃的辞呈，任命陈平为丞相（不再设左丞相）。陈平辅佐文帝，励精图治，促成了汉朝中兴。

陈平和周勃两位老臣，都是汉朝开国元老，却"虚己盈人"，互让相位，光彩照人。他们不为己利，从国家社稷着想，谦虚相让，很值得今人学习。现在的社会，人们注重竞争，却往往忽略了谦让。于是，为一位之争，互相攻击揭短；为一己私利，互相倾轧排挤，浪费了精力，也误了才华施展。

做人境界之高低，往往体现在处理矛盾的不同方法上，有人善于化解矛盾，有人善于激化矛盾。大家同在一片蓝天下，难免时有矛盾发生。而矛盾最多也是最激烈的，往往是争利夺位，有时甚至是争得势不两立、不共戴天。其实这种人实在是钻了牛角尖，人生短短几十年，能够在一起，也是一种缘分，何必争来争去闹得大家都不愉快呢？即使要为合理的东西去争夺，也必须讲究策略。有些东西即使你费尽九牛二虎之力，也争夺不来的，反而两败俱伤，最重要的是误了你的“下一步”。

人生好比行路，总会遇到道路狭窄的地方。每当此时，最好停下来，让别人先行一步。如果心中常有这种想法，人生就不会有那么多争执了。忍让一步是一种智慧，是为了前进。通常，愈是不争的人，愈是可以赢得胜利。

## 让他比你更优越

“如果你要得到仇人，就表现得比你的朋友优越吧；如果你要得到朋友，就要让你的朋友表现得比你优越。”在人际交往的世界里，那些聪明、谦让而豁达的人总能赢得更多的朋友，相反，那些妄自尊大，高看自己，小看别人的人总会引起别人的反感，最终在交往中使自己走到孤立无援的地步。

明朝的徐达，智勇兼备，是朱元璋手下的一员得力干将。几乎每逢重大战役他都要被委任为主帅。朱元璋在每次出征前总要对他说：“将在外，君不御，将军认为该如何就如何好了。”话虽每次都这么说，但他却能随时随地控制徐达，他的心腹无时不在监视着徐达的一举一动。徐达深知其中机关，所以，并不因为朱元璋的那句话而任意妄为，而是每逢稍大一点的事都必然派亲信报给朱元璋，处处突出朱元璋的主体地位，让他有一个做“上司”的优越感，因而才一直没有遭贬甚至被加害的厄运，君臣关系相处得不错。

现代社会也不乏这样的把优越感让给别人的事例，他们不但把优越感分给上司，还分给同事、下属。我们通常所见那些备受爱戴的领导人，通常都是为人十分低调，把工作的成绩能够分给自己身边的每一个人，他们在受到表彰和嘉奖时，通常会说："这不是我一个人的荣耀，这是整个集体的荣耀，是整个集体的功劳，我没什么可以炫耀的，要嘉奖就嘉奖在座的所有人吧，是他们创造了我们厂的奇迹！"而总是处处突现自己的人，会遭到别人的冷落。

当我们的朋友表现得比我们优越时，他们就有了一种被尊为重要人物的感觉，但是当我们表现得比他们还优越，他们就会产生一种自卑感，羡慕和嫉妒的情绪便会产生。聪明人早已认识到了这一点，所以他们从来不自己独享荣耀，也不与朋友平分荣耀，他们做的只是把优越感让给别人。

日常工作中不难发现这样的人，其人虽然思路敏捷，口若悬河，但一说话令人感到他很狂妄，因此别人很难接受他的任何观点和建议。这种人总想让别人知道自己很有能力，处处想显示自己的优越感，从而能获得他人的敬佩和认可，结果却往往适得其反，失掉了在朋友中的威信。

如果你的目的只是与人争个高低，那么你可以继续你的头破血流的"事业"，如果你还有更高的目标那么就赶快抛开这没有任何意义的竞争，学会忍耐，敢于低下头，把优越感让给别人，相反，你会因此而受益匪浅。

## 饶恕别人等于帮助自己

古人为人处世，总是为别人处处留有余地，人们信奉这样一句话："处事须留余地，责善切戒尽言。"留余地，就是不把事情做绝，不把事情做到极点，于情不偏激，于理不过头。这样，才会使自己得到最完美无损的保全。

战国时，楚庄王赏赐群臣饮酒，他的宠姬作陪。宴席一直延续到夜幕降临，庄王命人掌灯继续畅饮。正当酒喝得酣畅之际，灯烛被风吹灭了。这时有一个人因垂涎于楚庄王美姬的美貌，加之饮酒过多，有些失控，便趁烛灭混乱之机，抓住了美姬的衣袖。

美姬一惊，奋力挣脱，并顺势扯断了那人头上的系缨，私下对楚庄王说要查明此事，并严惩此人。庄王听后沉思片刻，心想："赏赐大家喝酒，让他们喝酒而失礼，这是我的过错，怎么能为女人的贞节而辱没将军呢？"于是命令左右的人说："今天大家和我一起喝酒，如果不扯断系缨，说明他没有尽欢。"于是群臣一百多人都扯断了帽子上的系缨，待掌灯之后，大家继续热情高涨地饮酒，一直饮到尽欢而散。

过了三年，楚国与晋国打仗，有一个臣子常常冲在最前边。楚庄王感到惊奇，忍不住问他："我平时对你并没有特别的恩惠，你打仗时为何这样卖力呢？"他回答说："我就是那天夜里被扯断了帽子上的系缨的人。"

人生就是这样，饶得人才助得己。不让别人为难，才会不让自己为难，让别人活得轻松，也会让自己活得自在，这就是留余地的妙处。给别人留有余地，他一定会感激你、协助你，这也就等于给了自己一次成功的机会。正因为楚庄王给臣子留了余地，才换来了下属的忠心耿耿。

而得理不饶人，让对方走投无路，则有可能激起对方"求生"的意志，而既然是"求生"就有可能是不择手段，一些严重的人身伤害也在所难免，好比老鼠关在房间内，不让其逃出，老鼠为了求全，将咬坏你家中的器物。放它一条生路，它"逃命"要紧，便不会对你造成伤害。而换作有思想的人类，还可能因为你的饶恕，而对你感激，并付出更多来报答你。

日本的“经营之神”松下幸之助，以其管理方法先进享誉世界。他成功的关键就是善于宽恕。

后腾清一原是三洋公司的副董事长，慕名而来，投奔到松下的公司，担任厂长。他本想大有作为，不料，由于他的失误，一场大火把工厂烧成废墟，给公司造成了巨大的损失。后腾清一十分惶恐，认为这样一来不仅厂长的职位保不住，还很可能被追究刑事责任，这辈子就完了。他知道松下是不会姑息部下的过错的，有时为了一点小事也会发火。但这一次让后腾清一感到欣慰的是松下连问也不问，只在他的报告后批示了四个字：“好好干吧。”松下宽恕了他，后腾清一深为感激，也心怀愧疚，对松下更加忠心效命，并用加倍的工作来回报松下，他为公司创造的价值远远大于那个工厂。

有位哲人说：“把自己当成别人，把别人当成自己。那么，你就是一个快乐的人。”特别是当别人得罪了你时，你更要能站在他的位置进行换位思考，学会容忍别人，像容忍自己一样容忍他人，你不但会得到心灵的释放，同时还会获得珍贵的友谊。

## 对友不必太较真

在大自然的食物链中，大鱼需要吃小鱼，小鱼需要吃更小的动物，最小的水生物需要吃水藻，而水藻类的微生物存在是不会让水非常清澈的，也就是说如果水非常清了，就没有水藻，就没有食物喂养上级食物链的鱼。中国古人早已对这种现象下过一个非常经典的论断：“水至清则无鱼，人至察则无徒。”从现代社会学角度分析：不要追究你身边的每一个人是不是在你身前身后做的所有事都是对你有利的。每个人都会不同程度，有意的或无意的，伤害到你或你身边的人，这其实是人之常情，你如果要想和身边的朋友保持友情，对朋友就不必太较真。

人生，需要在无关紧要的地方装糊涂。一些无关紧要的小错误，放过去，无伤大局，那就没有必要去纠正。这样不但能保全对方的面子，维持正常的谈话气氛，还能使你有意外的收获——在对方和在场的人的心目中建立良好的印象。做人不能太较真，认死理。太认真了，就会对什么都看不惯，连一个朋友都容不下，把自己同社会隔绝开。

做人要有容人之心，要能容人所不能容，忍人所不能忍，团结大多数人。豁达而不拘小节，大处着眼而不会目光如豆，不斤斤计较，不纠缠于非原则的琐事，这样才能成大事、立大业，使自己成为不平凡的伟人。

我们在日常生活中，会发生许多的小错误，有的是在称呼上，如将经理称为科长，将小姐称为太太、夫人，甚至连姓氏有时也会搞错。有的是在谈话所表述的内容上，把“第二次世界大战”说成是“第一次世界大战”“莫泊桑”说成了“巴尔扎克”等，如果此类错误与谈话主题没有多大关系，你就没有必要去纠正它，视而不见，听而不闻好了。

人生如此短暂和宝贵，要做的事情那么多，何必为这种不值一提的小事情浪费时间和精力呢？真正聪明的人，知道该干什么和不该干什么，知道什么事情应该认真，什么事情需要忍耐。要真正做到这一点是很不容易的，需要经过长期的修炼。如果我们明确了哪些事情可以不认真，可以敷衍了事，我们就能腾出时间和精力，全力以赴地去做该做的事，我们成功的机会和希望就会大大增加；与此同时，由于我们变得宽宏大量，人们就会乐于同我们交往，我们的朋友就会越来越多。

“人非圣贤，孰能无过”。与人相处就要互相谅解，求大同存小异，有度量，能容人，这样你才会有许多朋友；相反，眼里不揉半粒沙子，什么鸡毛蒜皮的小事都要论个是非曲直，容不得人，人家也会躲你远远的，最后，你只能关起门来“称孤道寡”。

## 理直也要气和

这是一家餐馆。

“小姐！你过来！你过来！”顾客粗鲁地高声喊，指着面前的杯子，满脸寒霜地说：“看看！你们的牛奶是坏的，把我一杯红茶都糟蹋了！”

“真对不起！”服务小姐微笑着赔不是，“我立刻给您换一杯。”

新红茶很快就准备好了，碟子上放的东西跟前一杯一样，放着新鲜的柠檬和牛乳。服务小姐礼貌地轻轻放在顾客面前，然后又轻声地说：“我是不是能建议您，如果放柠檬，就不要加牛奶，因为有时柠檬酸会造成牛奶结块。”

顾客立刻明白了自己的错误，脸倏地红了，他匆匆喝完茶，走出去。有人笑问服务小姐：“明明是他错了，你为什么不直说呢？他那么粗鲁地叫你，你为什么不还以颜色？”

“正因为他粗鲁，所以要用婉转的方法对待；正因为道理一说就明白，所以用不着大声！”服务小姐说，“理不直的人，常用气势来压人。理直的人，要用和气来交朋友！”

每个人都点头笑了，对这家餐馆增加了许多好感。往后的日子，他们常看到，那位曾经粗鲁的客人，和颜悦色，轻声细气地与服务小姐寒暄。

多么令人敬佩的“理直气和”，这位服务员能让一位粗鲁顾客变得和颜悦色，可以说“忍耐”的性格功不可没。没有她的忍耐，就没有对方的理智，忍耐而理直气和，则让人的性格更显张力，获得更多朋友的青睐。

现实生活中，让人生气、令人发怒的事是随时可能发生的，但作为一个有头脑的、冷静的人，为了更好地生活和工作，理智地处理各种不愉快，就需要忍住怒气，用平和对待挑剔。如果不忍，任意地放纵自己的怒气，首先伤害的就是自己。如果对方是你的对手、仇人，有意气你、激你，你不忍住怒气保持头脑清醒，就容易被人牵着鼻子走，中了人家的计。所以孔子云：“一朝之忿，忘其身以及其亲，非惑欤?”言下之意即因一时气愤不过，就胡作非为起来，这样做显然是很愚蠢的。只有用不气不恼的心胸去对待这些气恼的事情，才会产生好的效果。

林肯做总司令时，有一个叫胡克的下属。胡克曾经粗鲁、不公正地批评林肯，这使他的上司——林肯的好友伯恩赛德感到十分难堪。但林肯却毫不计较，而是充分发挥胡克的优点，为自己所用。伯恩赛德退休以后，林肯提拔胡克，接替了伯恩赛德的职务。

但是误会依然存在，为了让被提拔的胡克得知真相，林肯以一种既不让他出丑，也不点燃怒火的方式告诉了他，他写了一封密信，用理智的方式化解了和胡克间的矛盾。

以下就是这封信的全文：

“少将：

我已任命了你为波托马克军的首领。我这样做当然有自己充分的理由，然而我依然认为你最好知道，我对你依然有很多不太满意的地方。

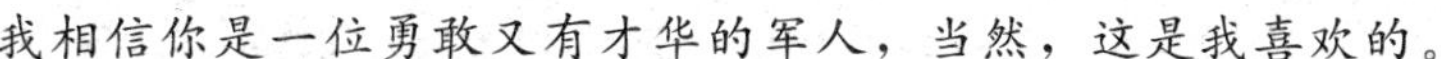

我相信你是一位勇敢又有才华的军人，当然，这是我喜欢的。

我也相信你不会把你的职业与政治倾向相混淆，这一点你是正确的。

你有充分的自信心。如果这不是必不可少的优点，至少是有价值的优点。

你雄心勃勃，在合情合理的范围内，它利大于弊。但是，我认为你在接受伯恩赛德将军统帅时，这种雄心曾经受到过挑战。在这一点上，你犯了一个大错误，不管是对国家，还是对那位战功卓著和值得尊敬的长官。

最近，我曾听你说过，无论是军队还是政府都需要一位最高统帅，我也相信你的观点。因为这方面的原因，但不仅仅因为如此，我给你下达了任命。只有那些赢得成功的将军才可以成为统帅。

我现在要求你的是取得军事上的成功，而我自己也冒着独断专行的危险。

政府将尽自己最大的能力来支持你，不会比以往的多，也不会比以往的少，而且对所有的司令官一视同仁。批评自己长官甚至使他丧失自信心，我担心这些由你带入军队的思想会发生在你自己的身上。我会尽我最大的努力来帮助你控制它。无论是你，还是拿破仑（如果他还活着），都无法从一个弥漫着这种情绪的军队里有所收获。

现在，请克服这种轻率，保持旺盛的精力，勇往直前，争取伟大的胜利。”

作为下级，胡克胡乱批评长官的行为是过分的、是轻率的。然而，对胡克的不公正的批评，林肯采取了忍耐，并提拔为已用，从而用“理直气和”获得了这位有敌对情绪的下属的尊重。

有理不在声音大，有理更应“让三分”。许多时候，常常是因为我们的“暴跳如雷”，而使我们由“有理”变得“无理”，不仅失去了朋友，也失去了礼貌，还失去了风度。而学会忍耐，在低姿态处理矛盾中，则彰显了个人的魅力。

理直气壮是人之常情，理直气和是为人处世的策略，是更高一筹的智慧。气和谐，心胸宽，则人脉必广。